양파망으로 짓는
황토집

양파망으로 짓는 황토집

초 판 1쇄 발행 2019년 5월 15일

지 은 이 김병일
발 행 인 권선복
편   집 전재진
디 자 인 서보미
전 자 책 서보미
마 케 팅 권보송
발 행 처 도서출판 행복에너지
출판등록 제315-2011-000035호
주   소 (07679) 서울특별시 강서구 화곡로 232
전   화 010-3267-6277
팩   스 0303-0799-1560
홈페이지 www.happybook.or.kr
이 메 일 ksbdata@daum.net

값 25,000원
ISBN 979-11-5602-719-5   03540

도서출판 행복에너지는 독자 여러분의 아이디어와 원고 투고를 기다립니다. 책으로 만들기를
원하는 콘텐츠가 있으신 분은 이메일이나 홈페이지를 통해 간단한 기획서와 기획의도, 연락처
등을 보내주십시오. 행복에너지의 문은 언제나 활짝 열려 있습니다.

1억원 이하로 꿈꾸는 나만의 행복한 보금자리 짓기

양파망으로 짓는 황토집

김병일 지음

자연과 벗하며 즐기는 건강한 삶의 꿈
양파망 황토집이 정답입니다

도서
출판 행복에너지

양파망으로 지은
황토집

양파망으로
황토집을 짓는 **이유**

> 친환경 소재로 집을 짓는다.
>
> 주위에서 구하기 쉬운 재료로 짓는다.
>
> 간단한 기술 몇 가지만 터득하면 혼자서도 지을 수 있다.

친환경적이면서도 저렴하게 내 손으로 직접 집을 짓는 것을 연구하게 되었습니다. 그래서 황토집·흙집에 관심을 갖기 시작했습니다. 우리는 통상 전원주택, 주말주택 하면 돈 많은 사람들이 여유자금으로 별장을 장만하는 것을 떠올리곤 합니다. 저도 예전에는 혼자서 막연히 그런 생각만을 했습니다.

그런데 흙집을 배우고, 직접 흙집을 50여 채 지어 보니, 꼭 그런 것만은 아니라는 생각이 들었습니다. 잘 연구하면 아주 적은 돈으로 전원주택이나 주말주택을 장만할 수 있겠다는 생각이 들었습니다. 어떻게 하면 1억 원 이하의 돈으로 전원주택을 장만할 수 있을까요?

첫째, 토지를 저렴하게 장만해야 합니다.

둘째, 주택을 저렴하게 지어야 합니다.

어렵게 마음에 드는 토지를 장만했습니다. 그리고 나면 그 땅에 집을 지어야 합니다. 주택을 몇 평으로 지을까? 10평, 15평, 20평, 30평…. 주택을 짓는다면 어떤 주택으로 지을까? 조립식 주택, 목조주택, 통나무집, 황토흙집 등등….

전원주택을 짓는 방법은 여러 가지지만 제가 생각하는 가장 좋은 방법은 가장 저렴하게 집을 지어야 한다는 것입니다. 주말주택이나 전원주택에 2~3억씩이나 묻어 둘 이유가 없으니까요. 그런 연구 끝에 짓기 시작한 집이 양파망으로 짓는 황토집입니다. 조금만 배우고 연구하시면 혼자서도 지을 수 있는 집입니다.

양파망 황토집 짓기 토목공사 & 땅고르기

CONTENTS

01 준비 단계

02 황토집 짓기 시작

03 황토집 짓기 기초하기

04 황토집 구들 놓기

05 기둥 세우기

06 양파망 벽돌로 벽체 만들기

07 구들방 벽체, 2층 바닥 만들기

08 1층 지붕 만들기

09 2층 만들기

10 1층 실내공사

11 외부 벽체 마감하기

12 1층 외부 데크 만들기

13 외부 마감공사

14 6평 황토구들방 만들기

15 작은 집(농막) 건축하기

01

준비단계

황토집
설계하기

① 황토집을 어떻게 지을 것인가를 고민해 본다.

② A4 용지에 구들방, 화장실, 거실, 주방, 창문의 위치들을 표시해서 그려 본다.

③ 건축박람회나 기존에 분양 중인 전원주택을 방문해서

④ 기본 설계를 가지고 도면을 완성한다.

⑤ 요즘 트렌드는 방은 작게, 거실은 넓게 만드는 것이다.

황토집 설계하기

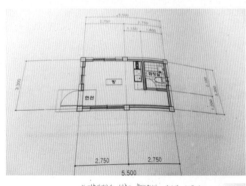
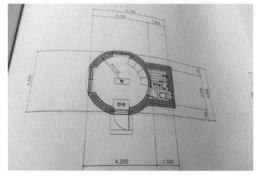
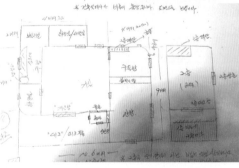
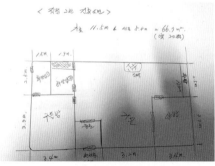

황토집을 짓기 위한
공구 모음

① 황토집을 짓기 위해서는 많은 공구가 필요하다.

② 구입이 어려운 고가의 장비는 렌탈을 해도 된다.

③ 유로폼은 임대하는 것이 좋다. 2박 3일에 2,500원이다.

④ 아시바는 여유 있게 사서 집을 짓고 중고로 파는 것이 유리하다.

⑤ 아시바는 짧게는 3개월, 길게는 1년까지 필요하므로 구매 후
중고로 매매하는 것이 훨씬 유리하다.

공구 이름 34가지

1	F30타카	2	결속선	3	고속절단기	4	그라인더
5	그라인더날	6	나무망치 (떡메)	7	릴선	8	먹줄
9	못지갑	10	믹서	11	손 톱	12	삽(우), 빠루(좌)
13	수직계	14	수평계	15	슬라이딩 각도톱	16	엔진톱 (2)
17	엔진톱	18	연마날	19	우레탄 폼	20	원형톱
21	전기대패	22	전동 드라이버	23	전동 드릴	24	전동 사포
25	조선낫(상), 빠루망치(하)	26	줄자	27	줄망치	28	직쏘
29	치목용 낫	30	컷쏘	31	콤프레셔	32	클리프1
33	클리프2	34	폼건					

황토집을 짓기 위한 공구 모음

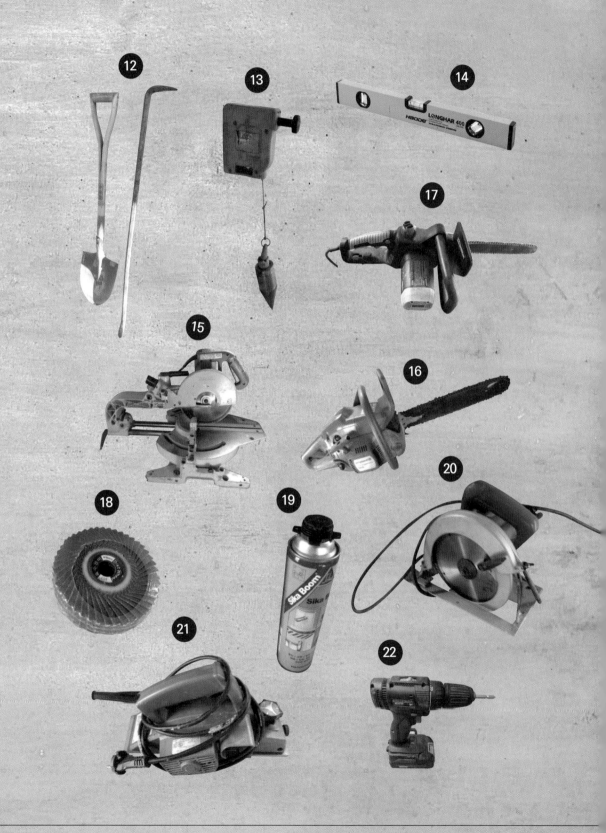

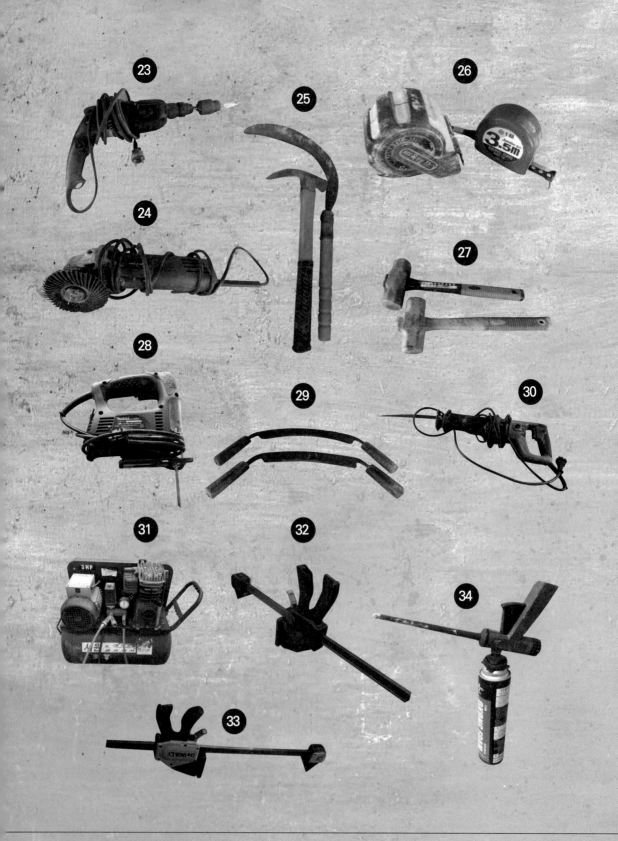

공사 준비,
임시전기 신청, 전주 신청

① 집을 짓기 위한 공구 사용을 위해서는 전기가 필수적이다.

② 기존 주택에 별채를 짓는다면 전기 신청이 필요없지만, 신축 주택을 짓기 위한 것이라면 미리 임시전기를 신청해야 한다.

③ 전기 신청은 전기면허를 가진 사업자가 대행하므로 미리 전기업자를 섭외해서 임시전기를 신청한다.

④ 임시 전기 신청을 하기 위해서는 건축허가서와 건축주 신분증이 필요하다.

⑤ 주택 완공 후 전기 신청 시 전주가 필요할 경우에는 미리 신청해 두는 것이 좋다.

⑥ 농번기에는 농사용 전기 신청이 많아서 전주 세우는 데에만 한 달 이상이 소요된다. 주택을 다 짓고 나서 전주를 신청하면 시간이 아까우므로 미리 신청하는 것이 좋다.

공사 준비, 임시전기 신청, 전주 신청

지하수 개발·준비

① 상수도가 공급되는 지역에 주택을 짓는 경우에는 상관없지만, 상수도가 없는 경우에는 지하수를 파야 한다.

② 지하수 개발은 허가를 받아야 하는데, 지하수 개발업자가 허가를 대행한다.

③ 지하수 개발업자와 계약 시에는 지하수 개발을 성공하는 조건으로 보수를 계약한다.

④ 1일(日) 용수량을 몇 톤으로 할 것인가를 계약한다. 보통은 1일(日) 5t 이상 지하수가 나오면 생활하는 데 지장이 없다.

⑤ 지하수 개발 깊이에 따라서 소공 30~50m, 중공 50~80m, 대공 100m 이상으로 분류한다. 소공은 200~300만 원, 중공은 400~500만 원, 대공은 700~1000만 원이다.

⑥ 지하수를 파고 처음에는 많은 양의 물을 퍼내는 것이 좋다.

⑦ 상수도가 들어오는 지역도 상수도 연결을 위해서는 사용자 부담으로 100~200만 원 정도는 들어간다.

⑧ 지하수는 매우 중요한 문제이다. 토지를 200평에 구입했는데, 내 땅 안에서 물이 안 나오면 어찌할 것인가?

소나무 기둥 판재, 낙엽송 서까래 준비(산판업자)

① 황토집을 짓기 위한 준비로 겨울철 산에서 벌목작업을 하는 산판업자한테 미리 저렴하게 나무를 구입했다.

② 강원도에는 산판업자들이 많이 있는데, ○○임업 등의 상호로 검색하면 찾을 수 있다.

③ 소나무는 직경 20㎝ 이상, 길이 7자 이상, 낙엽송은 말구(말구와 원구 : 나무의 제일 아랫부분을 원구라 하고, 제일 윗부분을 말구라 한다.) 기준 4치로 9자 100본, 12자 100본을 구입했다.

소나무 기둥 판재, 낙엽송 서까래 준비(산판업자)

소나무 기둥,
낙엽송 서까래 치목하기

① 대장간에서 치목용 낫을 구입했다.

② 나무를 땅바닥에서 치목하면 힘들어서 작업하기 좋은 작업대를 만들어 사용했다.

③ 낙엽송 서까래는 1일(日) 기준 10시간 작업하니 12자루 정도 껍질 벗기는 작업이 가능했다.

④ 소나무나 낙엽송이 너무 무거워서 두 사람이 같이 올리고 내리는 작업을 했다.

⑤ 저렴하게 황토집을 짓고 싶은 분, 가진 게 시간밖에 없는 분들은 직접 치목 작업을 하실 수도 있으나, 제가 직접 해 본 경험상 '비추'이다.

⑥ 낙엽송은 치목하는 동안에는 잘 모르나 가시가 매우 많은 나무이므로, 올라타거나 끌어안고 작업하지 않는다.

소나무 기둥, 낙엽송 서까래 치목하기

준비도구로 치목용 낫이 필요하다.

양파망으로 짓는 황토집

황토집 짓기 자재 준비

① 황토집을 짓기 위해서는 미리 필요한 자재를 계산해서 주문해 준비해 둔다.

② 대들보 주문- 크기에 맞는 대들보를 주문한다. 두께 250㎜*250㎜*9,000㎜로 준비한다.

③ 창틀, 눈틀재 준비하기-양파망으로 벽체를 쌓을 경우, 양파망 벽돌의 폭이 29~30㎝ 정도 되므로, 창틀재의 폭은 30㎝로 준비한다. 창틀재의 두께는 7㎝이다.

④ 양파망은 33㎝*73㎝ 크기로 2,000장 준비한다.

⑤ OSB 합판, 미송 스프러스 루바, 각종 구조목, 인슈레이션 단열재, 열반사 단열재, 오일스테인, 지붕아스팔트 싱글 등은 건재도매상에서 주문한다.

⑥ 지역에 있는 작은 건재상과, 수도권에 있는 건자재 도매상과는 단가 차이가 많이 나므로 인터넷으로 잘 찾아보고 주문하면 자재비를 10% 이상 절약할 수 있다.

황토흙,
낙엽송 서까래

① 황토흙 준비하기—오염되지 않은 황토를 15t 트럭으로 2~3대 정도 준비한다.

② 황토는 주변 중기업체에 미리 연락을 해서 공사장에서 나오는 흙을 받으면 저렴하게 준비 가능하다.

③ 본인 터에 질 좋은 흙이 있다면 사용 가능하다. 단, 비료나 농약에 오염된 논이나 밭에서 나오는 흙보다는 오염되지 않은 흙이 좋다.

④ 황토흙은 지역에 따라서, 또 어떻게 구하느냐에 따라서 15t 트럭 한 대에 10만 원에 구할 수도 있고, 50만 원에 구할 수도 있다.

황토흙, 낙엽송 서까래

양파망으로 짓는 황토집

02

황토집 짓기
시작

황토집 지을 부지
토목공사

① 시멘트 옹벽공사

유로폼으로 레미콘을 타설해서 토목공사를 하는 방법을 말한다.

비용이 많이 들어가는 단점이 있다.

토목공사의 종류

① 옹벽공사   ② 보강토 쌓기   ③ 석축 쌓기

② 보강토를 이용한 토목공사 - 보강토 쌓기

시멘트를 이용해서 만든 구조물이 보강토이다.

보강토로 토목공사를 할 경우 토지사용면적을 극대화할 수 있다.

전원주택 단지를 조성할 경우 보강토를 이용한 토목공사를 한 현장이 많다.

땅값이 비싼 지역에서 많이 이용한다.

장점: 토지사용면적을 최대화할 수 있다.

단점: 일반 석축에 비해 비용이 1.5배 이상 들어간다.

③ 발파석을 이용한 석축 쌓기

▶ 자연석이나 발파석을 이용해서 석축공사를 한다.

▶ 15톤 트럭 한대면 높이 1미터 길이 8미터 정도를 쌓을 수 있으므로 높이와 길이를 계산해서 돌의 사용량을 준비하면 된다.

▶ 포클레인을 적절하게 이용해서 작업한다.

양파망으로 짓는 황토집

정화조 매설 공사

① 황토집을 짓기 위해서는 제일 먼저 정화조를 매설하여야 한다.

② 정화조 구입-보통은 건축설계사무소와 관계되어 있는 환경업체에서 구입하는 것이 통상적이다. 정화조는 부패식 5인용으로 준공절차 서류 대행까지 포함한 금액이 50만~55만 원 정도이다.

③ 경기도 양평 같은 상수원 수질 보호 구역인 경우 정화조 매설 비용이 매우 비싸다. 지역 건축설계 사무소에 문의해서 맞는 정화조를 설치하면 된다.

④ 정화조를 매설할 때는 포클레인을 부르는데, 포클레인의 경우 하루 일당이 비싸므로 포클레인으로 해야 할 일을 잘 정리해서 일을 시키는 것이 중요하다.

⑤ 포클레인이 할 일-정화조 묻기, 오수 맨홀 묻기, 오·폐수관 구거에 연결하기, 지하수 연결하기, 야외수도 만들기 등

⑥ 정화조는 대지 경계선 안에 묻어야 함.

⑦ 정화조 유입구와 유출구를 구분해서 묻어야 함.

⑧ 정화조가 놓이는 맨바닥에 시멘트 처리를 해야 함. 정화조 준공 시 필요하니 반드시 사진을 찍어서 잘 보관해야 함.

⑨ 정화조는 화장실에서 가까운 곳에 묻어야 나중에 발생하는 하자를 줄일 수 있다.

⑩ 단독주택 30평 이하는 5인 부패식 정화조를 매설하면 된다.

⑪ PVC관은 KS관으로 100㎜관을 이용한다.

오수 맨홀 매설 공사

① 싱크대와 세면기에서 나오는 오수는 반드시 오수 맨홀을 거쳐서 나가도록 매설해야 정화조 냄새가 역류하는 것을 막아 준다.

② 오수 맨홀을 설치하지 않을 경우 시간이 흐르면 정화조 냄새가 역류한다.

③ PVC관을 매설할 때는 오수가 잘 흐르도록 경사를 맞추어 작업한다.

구거에 접해 있지 않은 땅

토지를 구입할 때 조심해야 하는 것은 오수관을 연결할 하수구나 구거가 있는지 확인해야 한다는 점입니다. 전원주택 단지 내 필지를 구입한다면 개발업자가 미리 하수관로를 묻어 두겠지만, 시골의 원형지 토지를 구입한다면 반드시 하수관을 배출할 곳이 있는지 확인해야 합니다. 그 누구도 내 땅으로 다른 집 오수관이 나가는 것을 허락해 주지 않을 것입니다.

양파망으로 짓는 황토집

황토집
상수도관 매설

① 상수도관을 묻을 때에는 그 지역의 동결 심도를 확인해서 그 이하로 묻어
야 한다.

ex) 강원도 횡성의 동결심도 1m 30㎝이므로 상수도관은 1m 30㎝ 이하
로 매설한다.

② 엑셀관에는 단열재를 이용해서 혹시 모를 겨울철 동파에 대비한다.

③ 상수도 엑셀관을 황토집 기초 안으로 묻어 두고 기초공사를 한다. 예전에
기초공사를 마무리했는데 상수도 엑셀관을 묻어 두지 않아서 나중에 공사
하느라 애를 먹었던 기억이 있다.

④ 상수도 엑셀관은 물이 새지 않도록 끝부분을 꺾어서 묻어 둔다.

⑤ 상수도 엑셀관은 15㎜짜리를 사용한다.

기초의 종류

레미콘으로 기초하기
자연석 막돌 기초하기
시멘트 벽돌 기초하기

황토집 짓기
기초하기

레미콘으로
기초하기

① 유로폼으로 설계도면대로 기초를 완성한다.

② 유로폼의 크기는 600*1200, 400*1200, 300*1200의 크기가 있는데, 적정 소요량을 계산해서 준비한다.

③ 유로폼은 폼핀을 끼우고, 타이핀으로 고정을 시켜 준다. 단단하게 유로폼을 고정시켜야 레미콘 타설 시 폼이 터지지 않고 잘 마무리된다.

④ 유로폼의 바깥쪽 폼을 먼저 대고, 철근을 배근한 다음 안쪽 폼을 고정시켜 준다.

⑤ 건축물의 면적은 건축물의 중심선을 기준으로 하므로 기초의 두께가 30㎝면 15㎝중앙이 건축물의 기준이다.

⑥ 벽체가 두꺼울수록 건축물의 실내면적은 작아진다.

⑦ 레미콘을 타설하기 전에 아궁이(사이즈 500*500)를, 연도 150㎜ 파이프로 만들어 두어야 한다.

⑧ 기초 완성 후 아궁이가 없으면 얼마나 당황스러울까?

⑨ 구들방을 위한 기초는 줄기초로, 60㎝ 높이로 시공한다.

양파망으로 짓는 황토집

양파망으로 짓는 황토집

자연석으로
막돌 기초하기

[버림콘크리트 하기]

① 바닥을 다진 후에 네 귀퉁이에 기둥을 박고 대각선 길이를 맞추어 줄을 띄운다.

② 폭 30~40㎝를 깊이 20㎝로 판다.

③ 기초줄을 띄운 것이 구덩이 중앙에 오도록 작업한다.

④ 주위에 있는 잡석을 채워 넣고, 잡석에 묻은 흙을 잘 씻어 낸다.

⑤ 잡석 위로 시멘트와 모래를 섞어 비벼서 골고루 채워 넣는다.

⑥ 버림콘크리트가 하루이틀 정도 지나서 굳으면 자연석으로 막돌기초를 준비한다.

⑦ 대각을 맞춘 중심선에 줄을 띄우고, 백시멘트나 횟가루를 뿌려서 잘 보이게 한다.

⑧ 자연석 막돌기초는 폭 40㎝, 높이 60㎝로 한다. 구들방을 만들기 위한 기초 높이는 60㎝ 이상이 좋다.

⑨ 양파망 벽돌의 크기가 29~30㎝이므로 막돌기초의 폭이 40㎝ 이상이면 황토집 완성 후 안정감이 있다.

⑩ 자연석으로 줄을 띄워 가며 한 단 한 단 쌓아서 줄기초를 완성한다.

⑪ 자연석 막돌 중에서 큰 것은 제일 아랫단에 쌓고, 시멘트를 비벼 넣어 가며 막돌기초를 완성한다.

⑫ 지연석 막돌기초를 할 때 주의할 점은 미리 아궁이와 연도를 준비해서 마무리해야 한다는 점이다. 실수로 아궁이과 연도 구멍을 내지 않고 기초를 모두 완성할 경우 나중에 커다란 낭패를 보기 때문이다.

시멘트 벽돌로
기초하기

① 버림콘크리트 하기 (※자연석 막돌 기초 참조)

② 건축물 중심선에 줄을 띄우고 시멘트 벽돌로 기초를 만들어 간다.

③ 첫 단을 시멘트 벽돌로 쌓고, 시멘트 모르타르를 부은 다음, 두 번째 단을 쌓는다.

④ 첫 단을 쌓은 방향과 어긋나게 두 번째 단을 쌓는다.

⑤ 대각에 줄을 띄워서 줄에 맞추어 시멘트 벽돌을 60㎝ 높이로 쌓으면 기초가 완성된다.

⑥ 주택의 규모가 작은 집이나, 별채용 주택을 지을 때에는 자연석 막돌기초나 시멘트 벽돌 기초가 유용하나, 20평 이상 주택의 경우 레미콘 기초가 좋다.

⑦ 혼자서 짓는 집, 또는 작은 황토구들방을 짓고자 할 때 추천하는 방법이다.

양파망으로 짓는 황토집

구들방을 제외한 부분 흙 되메우기

① 구들방에 구들을 놓기 위해서는 줄기초로 기초를 해야 하지만, 구들방을 제외한 부분은 매트 기초가 좋다.

② 구들방을 제외한 다른 공간은 미리 흙으로 되메우기를 하는 것이 좋다.

③ 집 짓는 공정 중에서 흙을 메우고 하는 작업이 편리하다.

④ 바닥면적 20평 주택이면 되메우기용 흙이 15t 트럭 3대 정도 소요된다.

구들방을 제외한 부분 흙 되메우기

04

황토집
구들 놓기

구들바닥 고르고 비닐 깔기

① 구들방 바닥을 평평하게 잘 골라 준다. 비닐을 깔았을 때 비닐이 파손되는 것을 예방하기 위함이다.

② 비닐은 비닐하우스용 장수필름으로 두 겹 깔아 주는 것이 좋다.

③ 비닐을 깔아 주는 이유는 바닥에서 올라오는 습기 방지및 구들방에 나무를 땠을 때 열기를 보존하는 축열 기능을 위해서이다.

④ 비닐을 깔면 아궁이에 불을 땠을 경우 녹지 않을까 하는 질문을 많이 받는데, 비닐을 깔고 그 위로 10㎝ 이상 흙을 덮기 때문에 괜찮다.

⑤ 비닐 위로 흙을 8~10㎝ 정도 덮어 준다.

구들바닥 고르고 비닐 깔기

함실아궁이 만들기

① 함실아궁이는 적벽돌이나 내화벽돌로 만든다.

② 함실아궁이는 구들방에 불을 때는 공간이다.

③ 구들방에 가마솥을 걸 경우 함실아궁이는 벽체 외부에 만든다.

함실아궁이 만들기

④ 함실아궁이(불넘이가 없이 불길이 그냥 곧게 고래로 들어가게 된 아궁이 구조)조적 방법

(ㄱ) 적벽돌을 황토 모르타르에 푹 담가 가며 조적한다.

(ㄴ) 함실아궁이의 크기는 가로 1m, 세로 1m이다.

(ㄷ) 현대식 구들장은 현무암을 사용하는데, 이맛돌의 사이즈가 가로 1,000*세로 500이므로 이맛돌 두 장이 올라가게끔 함실아궁이를 만든다.

(ㄹ) 적벽돌로 4단을 쌓고 불넘이를 만들어 준다.

(ㅁ) 함실아궁이를 적벽돌로 조적 시, 황토흙을 묽게 개서 적벽돌 틈이나 공간에 잘 비벼 채워 준다.

(ㅂ) 함실아궁이를 조적할 때 쓰이는 황토 모르타르는 순수 황토흙만 묽게 개서 사용한다.

1층 마감 가마솥 아궁이&보일러실

양파망으로 짓는 황토집

함실아궁이 위 이맛돌 얹기

① 함실아궁이를 다 만들면 현무암 이맛돌을 얹는다.

② 함실아궁이 이맛돌은 구들방에서 열을 가장 많이 받기 때문에 14t 철판을 2장 깔고 그 위에 얹는다.

③ 이맛돌의 크기는 가로 1,000*세로 500, 두께가 80㎜이다. 엄청나게 무거우므로 작업 시에는 허리가 다치거나 손가락이 깔리지 않게 조심해서 작업한다.

④ 이맛돌을 얹을 때 줄기초에 바짝 붙여서 시공한다.

⑤ 아랫목에서 연기가 샐 확률이 제일 높으므로 이맛돌을 얹고는 철저하게 새 침을 해 주어야 한다.

이맛돌 아래 철판 깔기

함실아궁이에 이맛돌을 깔기 전에 14t 철판을 깔아 깔아 주는 이유는 함실아궁이에 이맛돌을 얹고 불을 오랫동안 때면 그 열기로 인해 이맛돌에 금이 가거나 깨지는 경우가 발생하기 때문입니다. 이런 현상을 예방하기 위한 조치로 이맛돌을 미리 얹어 둡니다.

양파망으로 짓는 황토집

함실아궁이 위 이맛돌 얹기

구들
시근담 쌓기

① 시근담 : 구들방 벽 쪽으로 현무암 구들장이 올라앉을 수 있는 턱을 지칭한다.

② 시근담은 적벽돌을 이용해서 쌓을 수 있다.

③ 시근담을 적벽돌로 쌓은 경우 황토 모르타르를 듬뿍 발라서 조적한다.

④ 시근담을 쌓는 작업은 품이 많이 들어간다. 그래서 요즘은 개량된 작업방식으로 ALC 블럭을 이용해서 시근담을 쌓는다. 작업이 용이하고 속도가 빠르며 편리하다.

⑤ 시근담을 쌓기 전에 구들방 바닥에 황토흙을 15㎝ 정도 부토한다. 축열을 위함이고, 한편으로는 함실아궁이와 시근담, 고래둑의 높이를 맞추기 위함이다.

⑥ ALC 블럭은 300*600*150 사이즈를 사용한다.

⑦ ALC 블럭은 전용 모르타르를 사용해서 작업한다.

⑧ ALC 블럭은 일반톱으로 절단이 가능하다.

ALC

ALC란 autoclaved lightweight concrete의 약자로 석회에 시멘트와 기포제를 넣어서 다공질화한 혼합물을 고온고압에서 증기 양생시킨 기포 콘크리트이며, 고품질의 에너지 절약형 친환경 건축자재입니다.

양파망으로 짓는 황토집

양파망으로 짓는 황토집

구들 윗목
개자리 만들기

① 윗목 개자리는 함실아궁이에 장작을 땠을 때 고래를 통과한 열기, 또는 연기가 연도를 통해 빠져나가기 전 잠시 머무르는 자리이다.

② 윗목 개자리는 고래 바닥보다는 낮게 만들어야 열기의 흐름을 좋게 해서 불이 잘 들고 방이 따뜻해진다.

③ 윗목 개자리의 크기는 현무암 구들장(500*500) 크기에 맞추어 작업을 해야 마감하기가 좋다.

④ 윗목 개자리를 만들 때 불넘이 구멍을 작게 만들어 구들방의 열기를 오래 보존하는 것이 좋다.

⑤ 윗목 개자리를 조적할 때에는 적벽돌이나 ALC블럭을 이용해서 만든다.

⑥ 구들방 바닥 부토하기

    (ㄱ) 구들방 바닥에 황토흙을 부토한다.

    (ㄴ) 보통은 10㎝ 이상을 부토한다.

    (ㄷ) 이 흙은 바닥에 깔린 비닐을 보호하고
        아궁이에 불을 땔 경우 열기를 머금게 하는 축열 작용을 한다.

    (ㄹ) 제법 많은 양의 흙이 필요하다.

    (ㅁ) 흙을 고르게 잘 펴고 밟아 준다.

허튼고래 만들기

① 허튼고래는 간편하고 어렵지 않게 시공할 수 있다.

② 허튼고래를 시공할 때에는 줄을 띄우고 500㎜ 간격으로 고래둑을 세운다.

③ 허튼고래를 시공할 때에는 구들장이 만나는 간격(500*500)으로 고래둑을 하나씩 세워서 구들장 네 장이 얹히도록 한다.

④ 고래둑은 적벽돌이나 ALC블럭으로 세운다.

⑤ 규모가 크지 않은 구들방을 허튼고래로 시공할 경우 열효율이 높아서 조금만 불을 때도 방이 뜨끈하다.

※고래의 종류

① 줄고래-일자로 고래길을 만든다.

② 회전고래-아궁이의 불길이 구들방 안에서 회전하게끔 고래길을 만든다.

③ 허튼고래-구들장이 만나는 곳에 고래둑을 세운다.

구들장 덮기

허튼고래 방식으로,

① 고래둑을 다 세우면 구들장을 하나씩 덮는다.

② 구들장을 덮을 때 구들장이 흔들리지 않도록 주의해서 시공해야 한다.

③ 구들장을 시공할 때에는 황토흙이나 동전와셔를 이용해서 흔들리지 않도록 고정해 준다.

④ 구들장을 덮은 다음에 구들장을 밟아야 할 경우에는 정중앙을 밟는다. 황토흙으로 새침해서 고정한 경우에 구들장을 밟으면 구들장이 흔들릴 수 있다.

⑤ 구들장을 덮을 때에는 벽에 완전히 붙이지 말고 5~6㎝ 정도 띄우고 시공한 다음, 그 공간을 고운 모래로 채우는 것이 연기를 막는 가장 좋은 방법이다.

⑥ 구들장과 벽이 만나는 부분을 모래로 완벽하게 채운다.

구들장 덮기

⑦ 연기를 새지 않게 한다고 벽면에 바짝 붙여서 시공하면 100% 연기가 새니 주의해야 한다.

⑧ 이맛돌은 5㎝ 띄우고 시공할 수 없으니 바짝 붙여서 시공하고, 연기가 새지 않도록 철저하게 새침을 해 준다.

⑨ 이맛돌 옆 구들장은 앞면을 5㎝ 정도 자르고 시공을 한 다음, 그 틈은 고운 모래로 메워 준다.

⑩ 구들방 연기가 새는 것을 막는 방법은 모래가 가장 좋으니 꼭 기억하시기 바란다.

구들장 덮고 모래로 연기 막기

구들장 위 새침하기

① 구들장을 다 덮으면 천연 황토 모르타르를 이용해서 구들장끼리 만나는 부분을 봉긋하게 새침한다.

② 천연 황토 모르타르(기성품으로 생산해서 판매하는 황토제품)는 황토 벽돌공장에서 생산한 제품인데, 적당한 비율로 물에 개서 사용한다.

③ 구들장 새침하기는 연기가 새지 않게 하기 위한 중요한 공정이다. 꼼꼼하게 시공하는 것이 중요하다.

구들장 위 새침하기

아궁이에 불 지펴
연기 새는지 확인하기

① 새침이 끝나면 아궁이에 불을 지펴서 혹시 연기가 새지 않는지 확인해야 한다.

② 연기가 새는 곳을 찾아서 모래로 꼼꼼하게 새침한다.

③ 천연 황토 모르타르로 새침을 할 경우 하루 저녁 지나면 새침한 모르타르 가 굳는다.

아궁이에 불 지펴 연기 새는지 확인하기

구들방
황토흙 부토하기

황토 모르타르

① 새침이 굳으면 질통으로 황토흙을 부토한다.

② 황토흙 부토는 10㎝ 이상으로 한다.

③ 부토하는 황토흙은 톤백자루에 담아서 파는 황토흙으로 하는 것이 좋다.

구들방 황토흙 부토하기

구들방
황토 미장하기

① 황토흙을 부토하고, 그 위에 황토로 초벌 미장을 한다. 이때 방바닥 수평을 잡아 가며 작업을 해야 한다.

② 초벌 황토 미장은 천연 황토 모르타르, 황토흙, 모래를 잘 배합해서 사용한다. 비율은 1:3:6이 좋다. 모래를 사용할 경우 갈라짐을 방지해 준다.

③ 황토 모르타르를 사용하지 않고 황토흙으로 미장할 경우 갈라짐이 심하고 잘 마르지 않는다. 대략 열흘 이상 지나야 사람이 들어갈 수 있다.

구들방 황토 미장하기

양파망으로 짓는 황토집

천연 황토 모르타르 : 황토흙 : 모래
1 : 3 : 6

구들방
황토 대리석 시공하기

① 초벌 황토 미장이 굳으면 천연 황토 대리석을 시공한다.

② 천연 황토 대리석 사이즈는 600*600이다.

③ 황토 모르타르나 사모래를 이용하여 황토 대리석을 시공한다.

④ 대리석 시공이 끝나면 줄눈 시공을 하고 마감한다.

⑤ 황토석으로 시공하면 한지를 깔거나 장판을 깔 필요가 없다.

⑥ 황토대리석으로 마감하면 고급스러운 느낌이 난다.

구들방 황토 대리석 시공하기

05

기둥 세우기

나무기둥을
기초바닥에 고정시키기

① 드릴을 이용해서 철근을 기초에 박을 수 있도록 구멍을 뚫는다.

② 합판을 나무기둥 크기로 잘라서 정중앙에 구멍을 낸다.

③ 철근을 적당한 크기(10~12㎝)로 잘라서 구멍에 박는다.

④ 나무기둥 정중앙에 철근이 들어갈 수 있도록 구멍을 뚫는다.

⑤ 기초바닥에 철근을 박는 이유는 나무기둥을 세울 경우 쓰러지지 않고 혼자 서 있을 수 있도록 하기 위함이다.

⑥ 철근을 박고 나무기둥을 세우면 양파망 벽돌을 쌓을 때 나무기둥이 뒤로 밀리지 않는다.

⑦ 나무기둥은 국산 소나무를 이용하거나, 수입목재 더글라스 퍼(Douglas fir)를 사용하면 된다.

⑧ 나무기둥의 두께는 양파망 벽돌의 크기보다 같거나 더 크면 양파망 벽돌을 쌓을 때 용이하다.

⑨ 나무기둥을 세우는 이유 : 양파망 벽돌로만 벽체를 조적해도 매우 훌륭하고 튼튼한 벽체를 완성할 수 있지만, 네 코너에 기둥을 세워 주면 훨씬 튼튼한 벽체를 만들 수 있고, 지붕의 하중을 받쳐 준다.

⑩ 나무기둥이 있으면 벽체를 쌓을 때 수직으로 쌓기가 수월하다.

양파망으로 짓는 황토집

나무기둥
수평·수직 잡기

① 사각에 나무기둥을 세운다.

② 수평대를 이용해서 수직을 잡는다.

③ 황토집을 짓는 데에는 나무기둥의 수직을 잡는 작업이 매우 중요하다.

나무기둥 수평 수직 잡기

나무기둥
고정하기

① 양파망 벽돌로 벽체를 쌓다 보면 나무기둥이 밀리거나 기울 수 있는데, 이런 현상을 막기 위해 나무기둥을 고정하는 작업에 심혈을 기울여 시공해야 한다.

② 나무망치로 양파망 벽돌을 두드리다 보면 나무기둥의 수직이 흔들릴 수 있는데, 이를 방지하기 위함이다.

③ 기둥 상단 위를 2*6 구조목으로 서로 엮어 준다.

나무기둥 고정하기

양파망으로 짓는 황토집

나무기둥
지지목 대기

① 기둥을 2*4 구조목으로 고정해 준다.

② 땅바닥에 철근을 박고 2*4 구조목을 지지해 준다.

③ 기둥 하나에 구조목을 2개 이상 고정시켜 준다.

나무기둥 지지목 대기

양파망으로 짓는 황토집

06

양파망 벽돌로
벽체 만들기

양파망
벽돌 만들기

① 양파망의 크기는 33cm*73cm이다.

② 양파망의 황토를 80% 담아서 결속선으로 동여맨다.

③ 양파망에 황토를 담기 위해서 2*4 구조목으로 양파망 담는 틀을 만든다.

④ 양파망 벽돌은 삽으로 여섯 삽 정도 담으면 된다.

⑤ 양파망 벽돌을 잘 밟아서 쌓아 둔다.

⑥ 양파망 벽돌은 비를 맞으면 양파망 벽체를 쌓을 때 질척거려서 작업할 때 불편하니 비 소식이 있으면 비닐로 잘 덮어 둔다.

⑦ 양파망 벽돌은 보통 8시간 기준으로 황토흙의 상태가 좋으면 150개 정도 작업 가능하다.

⑧ 양파망 벽돌은 평당 80개 정도 소요된다고 보면 된다. 전체 벽체에서 창틀, 현관 등을 빼고 실제 소비량이다.

⑨ 양파망 벽돌은 절반만 황토를 담고 만드는 반장짜리 벽돌로, 150~200개 정도 필요하다.

⑩ 시중에서 판매하는 양파망의 사이즈는 다양한데, 사이즈가 너무 크면 작업이 힘들고, 너무 작으면 벽체가 얇아지는 단점이 있다.

⑪ 양파망이 삭지 않을까 질문하는 분이 더러 있다. 햇볕에 노출되면 삭지만, 노출이 없으면 영원하다고 할 수 있다.

양파망으로 짓는 황토집

양파망 벽돌
작업장 지근거리에 옮기기

① 양파망 벽돌은 한 개의 무게가 17~18kg 정도이다.

② 양파망 벽돌은 한 평에 80개 정도 소요되므로 20평 기준 1,600개 정도가 필요한데, 작업 현장에서 멀리 있으면 양파망 벽돌을 나르는 노동력이 엄청나게 들어간다.

③ 현장 가장 지근거리에 양파망 벽돌을 옮겨 놓고 벽체를 쌓는 것이 능률적인 작업에 도움이 된다.

④ 양파망 벽돌은 만들 때 팔레트 위에 쌓았다가 포클레인을 이용해서 한 번에 옮기도록 한다.

양파망 벽돌 작업장 지근거리에 옮기기

양파망으로 짓는 황토집

양파망 벽체 조적 시
아시바 안전판 설치하기

① 양파망 벽체를 쌓을 때 높이가 높아지면 아시바를 이용한 작업대를 설치한다.

② 벽체 높이가 높아질수록 위험하므로 안전하게 작업대를 설치하고 벽체를 쌓는다.

③ 황토집 한 바퀴를 설치하려면 아시바 여러 조가 필요하다.

양파망 벽체 조적 시 아시바 안전판 설치하기

현관문틀,
창틀 만들기

① 현관문틀을 만들 때에는 기성 현관문보다 위아래, 좌우가 1㎝정도씩 크게 만든다.

② 현관문틀을 만드는 목재는 양파망 벽돌 크기와 같거나 조금 더 크게 만든다. 폭은 30㎝, 두께는 7㎝면 적당하다.

③ 현관문이나 창틀을 만들 때에는 직각자로 직각을 잘 맞춰서 고정해야 한다.

④ 직각을 맞춘 창문틀이 이동 시나 벽체를 쌓을 때 틀어지지 않도록 X자로 지지목을 박아 준다.

⑤ 전원주택의 창문은 너무 크지 않은 것이 좋다. 외부 전경을 위해서 창문을 크게 하면 겨울에 난방에 역효과가 난다.

⑥ 창문틀을 고정할 때에는 200㎜ 피스로 고정시켜 준다.

현관문틀, 창틀 만들기

양파망으로 짓는 황토집

양파망 벽체 바닥 지지목 박아 주기

① 양파망 벽돌을 쌓기 전에 기둥과 기둥 사이에 2*4 구조목으로 지지목을 박아 주고 빈 공간에 황토를 채워 준다.

② 지지목의 역할은 나무기둥을 서로 엮어 주는 것이 있고, 또 다른 역할로는 단열 강화를 위한 합판을 덧대 줄 대상이 되어 주는 것이다.

③ 이 구조목 지지대는 양파망 벽돌을 수직으로 잘 쌓을 수 있는 중요한 역할을 한다.

④ 이 구조목 지지대는 한쪽 벽체에 4개 정도면 적당하다. 벽체의 높이가 2,400㎜이므로 50~60㎝에 하나씩 지지목을 대 주면 아주 튼튼한 벽체를 완성할 수 있다.

양파망 벽체 바닥 지지목 박아 주기

양파망 벽돌
첫 단 쌓기

① 양파망 벽돌은 온장짜리, 반장짜리를 미리 만들어 준비해 둔다.

② 양파망의 크기를 33*73㎝ 사이즈로 할 경우 황토흙을 담아서 벽체를 쌓을 때 나무망치(떡메)로 두드리면 폭 27~28㎝, 길이 50㎝, 두께 9~10㎝ 정도의 양파망 벽돌 사이즈가 된다.

③ 양파망 벽돌 첫 단 쌓기로 온장짜리 양파망 벽돌을 일렬로 쌓는다.

④ 나무망치를 이용해서 단단히 두드리는 작업을 한다. 이 작업은 떡메치기라고도 하는데, 매우 중요하다. 둥그런 양파망 벽돌을 나무망치로 단단히 두드려서 매우 견고하게 만들어 준다.

⑤ 양파망 벽돌이 바깥으로 빠지지 않도록 잘 쌓아 준다.

양파망 벽돌 첫 단 쌓기

양파망으로 짓는 황토집

양파망 벽돌
어긋쌓기

① 어긋쌓기를 하는 이유는 벽체를 견고하게 쌓기 위함이다.

① 첫 단은 벽돌 온장을 다 쌓지만, 두 번째 단부터는 맨 처음에 반장을 쌓은 다음 온장 쌓기로 이어 나간다.

② 어긋쌓기를 하면 양파망 벽돌 벽체의 균형과 안정성이 더욱 좋아진다.

양파망 벽돌 어긋쌓기

양파망 벽돌
두 번째 단 쌓기

① 양파망 벽돌 두 번째 단 쌓기는 어긋쌓기를 한다.

② 나무기둥에 반장짜리 양파망 벽돌을 얹고 온장짜리 양파망 벽돌을 쌓아 주면 된다.

③ 나무망치로 단단히 두드리는 작업을 진행한다.

④ 양파망 벽돌로 벽체를 쌓는 작업은 땀과의 전쟁이다. 많은 노동력이 필요한 작업이다.

⑤ 무거운 양파망 벽돌을 나르고, 쌓고, 나무망치로 두드리고 하는 작업은 힘들지만 건강한 내 집을 내가 짓는 보람이 있는 작업이다.

양파망 벽돌 두 번째 단 쌓기

양파망으로 짓는 황토집

양파망 벽돌 쌓고
나무망치로 두드리기

① 양파망 벽돌을 쌓을 때 나무망치를 이용해서 단단하게 두드린다. 이 떡메
치기 작업은 황토집 벽체의 견고함을 위해서 매우 중요한 작업이다.

② 나무망치 만들기-대들보 크기의 나무로 구조목을 박아서 나무망치를 만든다.

③ 수평대로 수평을 잡아 가며 두드린다.

④ 높은 곳에서 작업 시에는 위험하니 조심해서 작업한다.

⑤ 아시바를 철저하게 설치해 놓고 작업한다.

양파망 벽돌 쌓고 나무망치로 두드리기

양파망으로 짓는 황토집

양파망 벽돌 쌓고
나무기둥에 대못 박기

① 양파망 벽돌을 쌓을 때, 나무기둥과 양파망 벽돌이 서로 단단히 묶이도록 3.5인치 대못을 사용해서 박아 준다.

② 대못을 양파망 벽돌에 어스름하게 해서 나무기둥에 박아 주면 단단히 고정이 된다.

③ 양파망 벽돌을 쌓을 때마다 매단 대못을 박아 주는 것이 중요하다.

④ 황토벽돌로 황토집을 지을 때에도 동일하게 대못을 박아서 고정시킨다.

⑤ 벽체에 벽체목을 넣을 때에도 대못을 박아 주면 벽체목이 빠지거나 하지 않는다.

⑥ 창문틀이나 문틀 위에도 대못을 박아서 양파망 벽돌이 밀려나는 현상을 없애 준다.

양파망 벽돌 쌓고 나무기둥에 대못 박기

양파망으로 짓는 황토집

양파망 벽돌 벽체
철근 박기

① 철근은 50~60㎝ 정도로 절단해서 준비한다.

② 철근을 박는 이유는 양파망 벽돌이 밀리거나 흔들리지 않고 하나의 벽체를 이루게 하기 위함이다.

③ 양파망 벽돌을 6단 쌓고 철근을 박아 준다. 철근의 두께는 10㎜, 또는 13㎜를 사용한다.

④ 철근박기는 양파망 하나에 하나씩 박아 준다.

⑤ 두 번째 철근박기는 양파망 벽돌을 세 단 더 쌓고 박아 준다. 이렇게 철근을 박아 주면 양파망 벽돌이 서로 맞물려지므로 매우 튼튼한 벽체가 완성된다.

⑥ 철근박기는 맨 상단 양파망 벽돌까지 계속된다.

⑦ 철근은 100㎏ 정도 준비하면 된다.

⑧ 고물상에 가면 철근 토막을 저렴하게 살 수 있다.

양파망 벽돌 벽체 흔들리지 않게 서로 고정하기

① 양파망 벽체를 쌓다 보면 지지해 주는 힘이 약해서 벽체가 흔들릴 수 있으므로 2*4 구조목을 이용해서 이쪽 벽과 건너편 벽을 고정해 준다.

② 벽체 길이를 10m 기준으로 했을 때, 3~4회 정도 고정을 해 주면 흔들리는 현상이 없어진다.

양파망 벽돌로 벽체를 쌓을 때 똑바로 쌓기 위한 TIP

양파망을 다섯 단 쌓고 2*4 구조목을 양쪽으로 하나씩 박아 줍니다.

이유는 첫째, 양파망을 수직으로 잘 쌓기 위함이요.

둘째, 기둥과 기둥, 기둥과 양파망 벽체를 서로 일체화시키기 위함입니다.

양파망 벽돌 흔들리지 않게 서로 고정하기

양파망으로 짓는 황토집

양파망 벽돌 벽체와 첫도리목 반생 연결하기

① 양파망 벽체 완성 전 반생이를 꽂아 둔다.

② 첫 번째 도리목을 박고는 아래에 꽂아 두었던 반생이를 도리목에 시노로 엮어 준다.

③ 반생이를 엮어 주는 이유는 양파망 벽체와 지붕이 일체가 되도록 하기 위함이다.

④ 첫 도리목 작업 시 수평을 잘 잡아야 한다.

⑤ 수평잡기는 낮은 쪽에 황토를 올리고 높은 쪽은 나무망치로 두드려 가는 방식으로 해 나간다.

양파망 벽돌 벽체와 첫도리목 반생 연결하기

양파망으로 짓는 황토집

양파망 벽돌
창문틀 올려 수평잡기

① 양파망 벽체에 창문틀을 올릴 때에는 수평을 잘 잡고서 올린다.

② 수평대를 벽체에 올려 놓고 높은 쪽을 나무망치로 두드려서 수평을 맞춘다.

③ 수평, 수직 모두를 맞추어 창문틀을 고정한다.

④ 수평, 수직이 맞으면 지지목을 이용해서 흔들리지 않도록 고정한다.

양파망 벽돌 창문틀 올려 수평잡기

창문틀 만들기

① 창문틀 목재의 크기는 폭 30㎝, 두께 7㎝의 크기로 주문해서 준비한다.

② 창문틀 크기에 맞추어 목재를 재단한다.

③ 창문틀 위로 무거운 양파망을 쌓게 되므로 틀을 만들 때 반드시 양쪽 기둥 목 위로 올라가도록 제작한다.

④ 창문틀은 각재로 재단 후 조립할 때 직각이 되도록 하는 것이 중요하고, 조립 후에는 창문틀이 변형되지 않도록 각재로 고정시켜 주는 작업이 중요하다.

⑤ 양파망 벽돌의 무게가 엄청나므로 창문틀의 두께는 최소 7~8㎝이상이 되도록 한다. 나중에 흙의 무게로 인해서 창문이 열리지 않는 눌림 현상을 방지하기 위함이다.

창문틀 만들기

양파망 벽체 기둥과 기둥을 구조목으로 연결하기

① 양파망 벽돌로 벽체를 쌓을 때에는 수직으로 똑바로 쌓는 것이 중요하다.

② 수직으로 양파망 벽돌을 쌓기 위해서 2*4 구조목으로 기둥과 기둥을 외부에서 연결한다.

③ 이 외부연결 기둥은 벽체를 다 쌓은 다음 제거한다.

양파망 벽체 기둥과 기둥을 구조목으로 연결하기

양파망으로 짓는 황토집

양파망 벽체 완성 후 도리목 시공하기

① 양파망 벽체를 완성 후 벽체 위에 2*6 구조목, 또는 2*8 구조목으로 도리목을 시공한다.

② 도리목은 기둥이 서로 맞물리도록 시공한다.

③ 도리목의 시공이 끝나면 비로소 양파망 벽체가 하나의 튼튼한 벽체로 마무리된다.

④ 도리목은 지붕 작업 시 서까래가 걸리는 부분이므로 튼튼한 시공을 위해서 3단으로 시공한다.

양파망 벽체 완성 후 도리목 시공하기

양파망 벽체
도리목 2단 시공하기

① 2단 도리목은 1단 도리목과 엇갈리게 시공한다.

② 1단 도리목과 2단 도리목은 타정기를 이용해서 단단히 고정시켜 준다.

양파망 벽체 도리목 2단 시공하기

양파망으로 짓는 황토집

양파망 벽돌로
양파망 벽체 완성

① 양파망 벽돌 쌓는 작업을 완료.

② 친환경 황토집을 내 손으로 짓는다는 즐거움으로 작업하도록 한다.

③ 혼자서 모든 작업을 하는 것도 보람 있지만, 힘들고 어려운 작업은 다른 사
람의 노동력을 이용하는 것도 좋은 방법이다.

주택 구조의 종류

① 철근콘크리트조 방식

② 경량철골조(조립식) 방식

③ 경량목구조 방식

④ 통나무목구조 방식 등

양파망 벽체를
기둥과 연결하기

양파망 벽체를 기둥과 연결하기

양파망으로 짓는 황토집

벽체를 양파망 벽돌로 하면 평당 얼마나 들까요?

가끔 이런 질문을 받습니다. 양파망으로 황토집을 지으면 평당 얼마나 들어가는지요? 참 어려운 질문입니다. 주택 건축에서 벽체에 들어가는 비용은 30% 정도입니다. 벽체에서 20%를 절약해도 전체 건축비에서는 6% 정도 절약됩니다. 벽체 구조를 무엇으로 하든 기초, 지붕, 화장실, 창호, 주방공사는 모두 동일하기 때문입니다.

양파망으로 짓는 황토집

07

구들방 벽체,
2층 바닥 만들기

구들방
벽체 만들기

① 구들방과 거실의 벽체는 2*6 구조목으로 만든다.

② 실내벽까지 양파망 벽돌로 만들 경우 벽체 두께로 인해서 실내 공간이 좁아지는 단점이 있다. 그래서 실내 내벽은 구조재를 이용해서 벽체를 세운다.

③ 벽체를 세울 때는 출입문을 고려해서 스터드를 짜야 한다.

④ 구조목은 16인치 간격으로 스터드를 세운다. 이유는 구조목이나 단열재, 합판 등의 규격이 16인치 간격으로 되어 있기 때문이다.

⑤ 경량목조주택에 사용되는 구조재, OSB 합판, 인슈레이션, 단열재 등은 북미산이 많은데, 모든 규격이 16인치에 맞게끔 수입되기 때문이다.

구들방 벽체 만들기

양파망으로 짓는 황토집

구들방 위
바닥용 장선 깔기

① 바닥용 장선 구조목은 2*10으로 시공한다.

② 바닥용 장선 간격은 16인치이다.

③ 바닥용 장선 구조목이 튼튼해야 2층 작업 시 꿀렁거림이나 층간 소음을 방지할 수 있다.

구들방 위 바닥용 장선 깔기

양파망으로 짓는 황토집

구들방 장선
블로킹 작업

① 장선을 16인치 간격으로 시공한다.

② 장선 간격 사이에 16인치로 구조목을 절단해서 블로킹을 시공해 준다.

③ 2층 바닥을 튼튼하게 하고 꿀렁거리는 현상을 방지한다.

구들방 장선 블로킹 작업

양파망으로 짓는 황토집

구들방 장선 위 OSB 합판 시공하기

① 구들방 위에 18t OSB 합판을 시공한다.

② OSB 합판 시공 시 암·수가 있으므로 꼭 끼워서 시공한다.

③ OSB 합판을 구조목에 절반씩 걸리도록 시공한다.

④ OSB 합판을 구조목에 64㎜ 타정기 못으로 박아 준다.

⑤ 2층 바닥 작업 시 낙상의 위험이 있으므로 안전에 주의하면서 작업을 진행한다.

구들방 장선 위 OSB 합판 시공하기

양파망으로 짓는 황토집

구들방 천장 인슈레이션 단열재 충진하기

① 인슈레이션은 경량목조주택 단열을 위한 단열재이다.

② 인슈레이션은 불연단열재이므로 화재에 강하다.

③ 인슈레이션은 시공 시에 장선 간격에 맞추어 끼워 넣고 1022타카를 이용해서 날개를 펼쳐 고정해 준다.

④ 인슈레이션 단열재는 여러 종류가 있으나 충간 소음 방지를 위해서 지붕용 R-37을 사용하는 것이 좋다.

구들방 천장 인슈레이션 단열재 충진하기

구들방 벽체
인슈레이션 단열재 시공하기

① 구들방 벽체에 소음 방지와 단열을 위한 목적으로 인슈레이션 단열재를 시공한다.

② 인슈레이션 시공 시에는 마스크를 쓰고 작업하는 것이 좋다.

③ 인슈레이션 시공은 날개를 펼쳐 구조목에 타카로 박아 준다.

④ 인슈레이션은 북미 지방에서 개발된 건축자재로 대부분이 수입산이다.

⑤ 단열효과가 매우 높은 제품이고, 불연재이므로 화재 시에도 유독가스가 배출될 염려가 없다.

구들방 벽체 인슈레이션 단열재 시공하기

08

1층 지붕 만들기

대들보용 동자기둥 만들기

① 동자기둥의 높이는 지붕의 기울기, 즉 경사도를 고려해서 결정하는데, 지붕의 기울기는 19~20˚ 정도가 좋다.

② 동자기둥은 구조목을 여러 개 덧대서 만든다. 동자기둥의 두께는 대들보의 두께와 같은 것이 안정감이 있고 좋다.

③ 2*6 구조목으로 동자기둥을 만들고, 도리목 위에 고정시켜 준다. 삼각형으로 구조목을 잘라서 덧붙인 후 동자기둥을 고정시켜 준다.

④ 동자기둥은 벽체의 정중앙에 오도록 설치한다.

동자기둥이란?

대들보를 받쳐 주는 작은 기둥을 말한다. 예전에 절에서 대들보를 받치는 이 기둥에 소년 동자스님의 모습을 조각 했다고 해서 동자기둥이라는 이름이 붙었다고 한다.

대들보용 동자기둥 만들기

대들보 다듬기 및 상량하기

① 대들보는 250*250㎜ 두께이고, 길이는 9m이다.

② 대들보는 무게가 300㎏ 이상이어서 인력으로는 도저히 운반할 수 없다. 크레인을 불러서 상량해야 한다.

③ 대들보는 그라인더를 사용해서 사면 샌딩을 한다.

④ 대들보에 마음에 드는 상량문을 쓰면 된다.

⑤ 대들보를 상량할 때 크기가 작은 것은 4~5명의 인력으로도 상량이 가능하다.

⑥ 대들보의 사이즈가 크면 장비를 이용한다.(장비: 크레인, 포클레인)

대들보 다듬기 및 상량하기

양파망으로 짓는 황토집

양파망으로 짓는 황토집

1층 지붕
낙엽송 원주목 서까래 공사

① 원주목 서까래는 낙엽송이다.

② 낙엽송은 나무 재질이 단단하고 곧게 자라는 수종이라서 서까래로 사용하기에 적절하다.

③ 낙엽송 서까래는 직접 구입해서 치목을 한 후 사용할 수도 있고, 산림조합에서 가공해 판매하는 서까래를 구입해 사용해도 된다.

④ 낙엽송 서까래는 직경이 4치(12cm)짜리를 사용한다.

⑤ 낙엽송 서까래는 길이가 12자짜리이다.

⑥ 낙엽송 서까래는 일반적으로 12자 이상 큰 것을 구하기가 어렵다. 왜냐하면 벌목업자들이 벌목을 할 때 12자로 재단을 해서 납품하기 때문이다.

⑦ 첫 번째 원주목 서까래 시공하기

　(ㄱ) 2층 벽면부터 원주목 서까래를 시공한다.

　(ㄴ) 지붕경사도가 20°이므로 원주목 서까래 한쪽을 슬라이딩 각도톱으로 20°로 각도에 맞춰 조정한 후 잘라낸다.

　(ㄷ) 그 후 서까래의 앞뒤 양쪽을 대들보 위에 맞추어 고정하고 스크루볼트를 막아 준다.

⑧ 원주목 서까래를 대들보에 박을 때까지는 목공 피스보다는 230mm 철판 피스를 육각드릴로 박아 주면 된다.

⑨ 원주목 서까래는 40cm 간격을 두어 같은 방법으로 시공하면 된다.

양파망으로 짓는 황토집

서까래
당골막이 공사

당골이란?

서까래가 원주목이다 보니 서까래와 서까래 사이에 공간이 생기는데, 도리목과 서까래 사이의 공간을 당골이라고 합니다. 단열을 위해서 이 공간을 막아 주는 것을 당골막이라고 합니다. 같은 크기의 서까래를 사용하면 편리합니다.

원주목 서까래

지붕을 만들기 위해서 서까래를 시공해야 하는데, 경량목조주택은 구조재로, 한옥이나 중목구조 목조주택은 사각으로 제재해서 사용하기도 하며, 원주목으로 사용하기도 합니다. 여기에서는 국산 낙엽송으로 원주목 서까래를 사용합니다. 원주목 서까래는 시공 후에 거실에서 천장을 보면 매우 아름다운 실내 조형미가 연출됩니다. 황토집의 묘미가 아닌가 싶습니다.

지붕 천장
루바 시공하기

① 원주목 서까래 시공이 끝난 후에는 원주목 서까래 위로 미송 스프러스 루바를 시공한다.

② 루바는 암·수 홈이 있어서 홈에 잘 끼워서 시공하면 된다.

③ 루바 시공 시에는 서까래 중간에서 서로 연결되도록 사이즈를 재단해서 시공한다.

④ 루바 한 장은 얇고 약하지만 원주목 서까래 위에 시공해 놓으면 밟고 다녀도 괜찮다.

⑤ 루바를 천장에 시공해 놓으면 거실 아래에서 볼 때 아주 예쁜 한옥식 천장을 연출한다.

⑥ 루바는 나무향기가 매우 좋은 목재이므로 숨 쉬는 친환경 주택을 연출한다.

⑦ 벽체 높이가 2m 40㎝이므로 루바를 8자짜리로 주문해서 사용하면 손실을 줄이고 일손을 절약할 수 있다.

⑧ 황토집은 재빠르게 지붕 방수시트까지 시공하고 천천히 실내를 마감하는 것이 중요하다.

⑨ 루바가 비를 맞을 경우 변색되거나, 마르면서 뒤틀릴 수가 있고, 곰팡이가 생길 수도 있으므로 집 짓는 동안 비를 맞지 않도록 관리를 잘해야 한다.

지붕 단열을 위한 열반사 단열재 시공하기

① 황토집 짓기를 할 때 가장 중요한 것이 단열이다.

② 그중에서도 지붕 단열은 매우 중요하다. 열을 가장 많이 뺏기는 것이 지붕이기 때문이다.

③ 여기에서는 지붕 단열을 이중으로 시공한다.

④ 첫 번째 지붕 단열은 루바 위에 10t 열반사 단열재로 시공한다.

⑤ 열반사 단열재를 1층 지붕 전체에 붙여 준다.

⑥ 열반사 단열재는 한쪽에 접착제가 부착되어 있는 제품으로 시공한다.

⑦ 열반사 단열재가 서로 만나는 부분은 전용 테이프를 붙여서 기밀 시공한다.

⑧ 열반사 단열재 시공 후에는 작업 중 미끄러질 수 있으므로 낙상하지 않도록 조심한다.

지붕 단열을 위한 열반사 단열재 시공하기

1층 지붕 덧서까래 시공하기

① 열반사 단열재로 1차 단열을 하고 인슈레이션으로 2차 단열을 시공한다.

② 인슈레이션으로 단열을 하기 위해서는 인슈레이션을 넣기 위한 공간이 필요한데, 이 공간을 위해서 2*4 구조목으로 덧서까래 작업을 시공한다.

③ 덧서까래 작업은 경량목구조 벽체 작업과 동일하다. 단지 세우는 것이 아니고 지붕기울기에 맞추어 지붕에 고정시키면 된다.

1층 지붕 덧서까래 시공하기

양파망으로 짓는 황토집

지붕 단열재
인슈레이션 시공하기

① 덧서까래 작업이 완료되면 지붕 단열을 위해 지붕 전용(R-37) 인슈레이션
   을 시공한다.

② 인슈레이션은 목조주택 전용 단열재인데, 단열효과가 높은 불연 단열재이다.

③ 스티로폼은 화재 발생 시 유독가스를 배출하기 때문에 사용을 자제하고,
   불연재인 인슈레이션으로 단열을 한다.

④ 단열효과 측면에서 특히 지붕 단열을 꼼꼼하게 시공해야 최대한 효율적인
   열관리를 할 수 있으므로 작업 시 최대한 신중하게 시공한다.

⑤ 덧서까래는 16인치 간격으로 시공한다. 2차 단열재인 인슈레이션의 사이
   즈가 16인치이기 때문이다.

지붕 단열재 인슈레이션 시공하기

양파망으로 짓는 황토집

양파망으로 짓는 황토집

지붕에
OSB 합판 덮기

① OSB(Oriented Strand Board) 합판이란? 손가락 두 개 정도 크기의 나무 입자를 방수성 수지와 함께 압착하여 만든 인공판재로 강도와 안정성을 높인 제품. 캐나다산이 제일 A급이다.

② OSB 합판은 두께 11t, 사이즈는 1,220*2,440이다.

③ 덧서까래 구조목이 절반씩 걸리도록 OSB 합판을 시공한다. 구조목에 합판이 절반씩 걸리지 않으면 밟고 다닐 때 합판이 고정되지 않고 유격이 생긴다.

④ 지붕 작업은 안전이 최우선이다. 높은 곳에서 작업을 하므로 낙상하지 않도록 최대한 안전하게 작업해야 한다.

⑤ 지붕 작업 시에는 반드시 안전화를 신고 올라간다. 일반 운동화나 슬리퍼 종류의 신발은 매우 위험하다.

⑥ OSB 합판은 가로로 붙이든 세로로 붙이든 상관없지만 자재의 손실을 최소한으로 할 수 있도록 시공한다.

⑦ OSB 합판을 지붕 사이즈에 맞게 시공하려면 원형톱으로 재단을 하게 되는데, 재단 후에는 반드시 에어건으로 톱밥을 불어 내고 작업한다. 톱밥을 밟으면 매우 미끄러우므로 조심해야 한다.

시멘트 사이딩,
후레싱 및 물받이 공사

① 시멘트 사이딩은 지붕 빗물이 서까래를 타고 흐르지 않게 시공한다.

② 시멘트 사이딩은 그라인더를 이용해서 사이즈에 맞게 절단한다.

③ 시멘트 사이딩은 f30타카를 이용해서 고정한다.

④ 후레싱은 OSB 합판, 시멘트 사이딩을 덮으며 시공한다.

⑤ 앞뒷면은 물받이공사를 시공한다.

⑥ 양쪽 옆면은 후레싱을 시공한다.

⑦ 후레싱을 먼저 시공하고 방수시트지를 그 위로 마감되게 해야 물이 지붕 서까래 쪽으로 침투하지 않는다.

⑧ 후레싱은 지붕 마감선 처리용 자재이다.

시멘트 사이딩, 후레싱 및 물받이 공사

양파망으로 짓는 황토집

지붕 방수시트
시공하기

① 방수시트는 1m*10m의 크기이다.

② 지붕 OSB 합판 작업이 끝나면 방수시트지 작업이다.

③ 방수시트지는 아래쪽부터 위쪽으로 붙여서 올라간다.

④ 방수시트지는 붉은 선이(10㎝ 정도) 겹치도록 붙여서 시공한다.

⑤ 방수시트지의 한쪽에는 비닐이 붙어 있는데, 지붕에서는 이 비닐을 제거하기 전에는 절대 밟지 않도록 한다.

⑥ 방수시트지 작업 후에는 시트지가 파손되지 않도록 주의한다.

*지붕 작업 시 안전작업을 위한 선행과제

① 1층 벽체를 2m 40㎝로 시공할 경우 지붕의 높이는 3m 정도 된다.

② 기초 높이 60㎝+벽체 240㎝이므로 언제나 지붕 작업 시에는 아시바를 2단으로 처마 아래에 설치하고, 안전판을 2개 걸친 다음 작업한다.

③ 아시바가 2단으로 처마 아래에 설치되어 있으면 심리적으로 안정감이 배가된다.

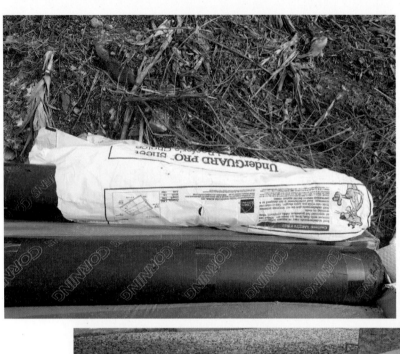

지붕 아스팔트 싱글 시공하기

① 아스팔트 싱글은 지붕 마감재로 가장 많이 사용되는 자재이다.

② 아스팔트 싱글의 수명은 제품마다 다르지만, 15~30년이다.

③ 아스팔트 싱글의 장점

　(ㄱ) 시공이 간편하다.

　(ㄴ) 수명이 오래간다.

　(ㄷ) 하자가 적은 편이다.

　(ㄹ) 시공비가 적게 드는 편이다.

④ 아스팔트 싱글 시공 시 제일 아래쪽은 거꾸로 한 장을 붙이고 시공한다.

⑤ 아스팔트 싱글 시공 시 두 번째 단은 무늬 모양이 육각이 되도록 비닐을 떼어 버리고 시공한다.

⑥ 싱글 한 단은 보통 0.6평이므로 OSB 합판 두 장에 아스팔트 싱글 세 단이면 대략 맞는다.

양파망으로 짓는 황토집

지붕 릿지밴트
시공하기

① 지붕 릿지밴트는 지붕 환기구이다.

② 지붕 릿지밴트를 시공하면 서까래 위로 공기가 순환되므로 여름에는 시원하고 겨울에는 따뜻하다.

③ 지붕 용마루에 릿지밴트를 시공하여 공기가 순환되도록 한다.

④ 지붕 공기가 순환되므로 서까래나 구조목이 부패하거나 습기가 차지 않다.

황토집짓기는 비와의 전쟁입니다.

지붕 방수시트 공사를 끝낼 때까지는 비를 맞으면 하자 염려가 있으므로 천막과 비닐을 준비해서 언제든 덮을 수 있도록 합니다.

09

2층 만들기

2층 벽체용 스터드 작업 (경량목구조 방식)

① 벽체 스터드 간격은 16인치이다. 16인치로 작업하는 이유는 모든 자재가 16인치에 맞춰 나오기 때문이다. 단열용 인슈레이션, 내외부 OSB 합판 등 모두가 16인치로 작업을 해야 딱딱 맞다.

② 벽체 작업은 2*6 구조목으로 시공한다.

③ 2층 벽체를 경량목구조 방식으로 시공하는 이유는 2층까지 양파망 벽돌로 짓기에는 너무나 많은 노동력이 들어가기 때문이다. 2층은 경험상 실제 사용빈도가 많지 않다. 자녀들이 왔을 때, 혹은 손님이 왔을 때 어쩌다가 한 번 사용하므로 대개 경량목구조 방식으로 시공해도 무방하다.

2층 벽체용 스터드 작업(경량목구조 방식)

양파망으로 짓는 황토집

2층 창문틀 헤더 작업

① 창문이나 문틀 위에는 창문 사이즈에 맞는 구조목 5장으로 헤더를 짜서 끼워 준다.

② 헤더의 역할은 지붕의 하중이 창틀에 직접 전달되는 것을 방지하는 것이다. 나중에 하중으로 인해 창문이 변형되어 창이 열리지 않는 것을 방지한다.

2층 창문틀 헤더 작업

양파망으로 짓는 황토집

벽체 4면
도리목 시공하기

① 2층 4면에 도리목을 시공하면 든든한 벽체가 완성된다.

② 도리목은 2*6 구조목으로 시공한다.

③ 도리목은 2단으로 시공한다.

④ 벽체의 수직과 수평을 맞추고 4면 벽체를 묶어 고정시키는 도리목을 구조목으로 시공한다.

2층
서까래 작업

① 2층 서까래는 2"*10" 구조목으로 시공한다.

② 1층 지붕은 열반사 단열재를 시공하고, 그 위로 인슈레이션 단열을 하지만, 경량목구조방식의 2층은 실내 내부에서 인슈레이션 단열재 작업을 한다.

③ 서까래 간격은 역시 16인치이다.

④ 처마 위 길이는 60~70㎝ 정도가 보기에 안정감이 있다.

⑤ 지붕의 경사도는 눈이 많이 오는 지역의 경우 25° 이상으로 시공하는 것이 좋다. 그러나 지붕 작업은 매우 위험한 공정의 연속이므로 일반적인 지붕 경사도는 20~22°가 적당하다.

⑥ 핀란드 하우스나 통나무 주택은 지붕 경사도가 40도 이상인 경우가 많이 있다. 이런 지붕의 시공은 인건비가 2배 이상 들어가는 단점이 있다.

⑦ 서까래와 서까래 사이에 같은 크기의 구조목을 14인치 반으로 재단해서 블로킹 작업을 해 준다.

양파망으로 짓는 황토집

2층 지붕 평고대 시공하기

① 서까래 끝선에 구조목을 덧대서 마감 작업을 한다. 평고대는 서까래와 같은 사이즈로 시공한다.

② 평고대 작업을 함으로써 서까래 마감이 된다.

③ 평고대에 시멘트 사이딩을 시공한다.

2층 지붕 평고대 시공하기

양파망으로 짓는 황토집

2층 외부
OSB 합판 시공하기

① 경량목구조 벽체에 OSB 합판을 외부에서 시공한다.

② OSB 합판은 16인치 간격으로 먹줄이 그려져 있는데 이 선에 맞춰서 타정기로 박으면 2바이 구조목에 정확하게 시공된다.

③ 2층 작업하는 외부에 아시바를 2단, 또는 3단으로 설치하고 안전판을 깐다음 OSB 합판을 시공한다.

④ OSB 합판은 64㎜ 타정기 못으로 사용한다.

⑤ OSB 합판에 타정기를 박을 때에는 안전상 반대편에 있으면 절대로 안 된다. 타정기의 공기압이 굉장히 센 편이라 타정기 못이 합판을 뚫고 나갈 수도 있다.

2층 외부 OSB 합판 시공하기

양파망으로 짓는 황토집

2층 지붕
OSB 합판 시공하기

① 2층 지붕 서까래 위로 11t 짜리 OSB 합판을 시공한다.

② OSB 합판은 위아래가 구분되어 있으므로 까칠한 부분이 위로 가도록 시공한다. 지붕 작업 시 미끄럼을 방지하기 위함이다.

③ OSB 합판에 먹줄이 그어져 있는 쪽이 위로 가게 시공하면 된다.

④ OSB 합판을 원형톱으로 절단하면 미끄럼 방지를 위해 반드시 에어건으로 톱밥을 불어 내고 다음 작업을 진행한다.

⑤ OSB 합판 작업이 끝나면 사이딩을 시공하고 그 위로 후레싱 작업과 물받이 작업을 마무리한다.

2층 지붕 OSB 합판 시공하기

양파망으로 짓는 황토집

2층 지붕 단열을 위한
열반사 단열재 시공하기

① 지붕 단열은 매우 중요하다. 그래서 1차 단열, 2차 단열 각각 두 번에 걸쳐서 시공한다.

② OSB 합판에 열반사 단열재를 시공한다.

③ 열반사 단열재의 한쪽 비닐을 떼어 내고 접착면을 바닥으로 해서 울지 않게 붙여 주면 된다.

④ 열반사 단열재는 1m 폭으로 생산된다.

⑤ 열반사 단열재가 서로 만나는 부분은 전용 은박테이프로 기밀시공을 해 주면 된다.

⑥ 지붕에 시공하는 열반사 단열재는 10t 제품으로 시공한다.

2층 방수 시트지 시공하기

① 2층 지붕에 지붕방수를 위한 방수시트지를 시공한다.

② 방수시트지는 1m*10m가 한 롤이다.

③ 방수시트지는 1층에서 지붕 사이즈에 맞게 재단을 해서 작업하는 것이 편리하다.

④ 방수시트 시공방법은 10㎝정도는 겹치게 해서 아래부터 위로 시공하면 된다.

⑤ 방수시트지 한쪽에 붙어 있는 비닐을 제거하고 시공한다.

⑥ 방수시트지는 접착력이 매우 강해서 작업 중에 시트지끼리 서로 붙어 버리면 사용이 불가능하다. 시공 시 주의를 해야 한다.

2층 방수 시트지 시공하기

양파망으로 짓는 황토집

2층 아스팔트 싱글 시공하기

2층 아스팔트 싱글 시공하기

양파망으로 짓는 황토집

2층 내벽 및 천장 인슈레이션 시공하기

① 내벽체 인슈레이션은 벽체 전용으로 시공한다.

② 인슈레이션을 시공할 때에는 날개를 펴고 1022 타카를 이용해서 박아준다.

③ 인슈레이션은 목조주택 전용 단열재이며, 불연재이다.

2층 내벽체 인슈레이션 시공하기

④ 천장은 지붕 전용 인슈레이션으로 시공한다.

⑤ 지붕과 벽체 인슈레이션의 차이점은 부피에 있다. 단가도 많이 차이가 난다.

⑥ 요즘 지자체별로 단열 규정이 많이 강화되어서 ㉮ 등급 제품 사용이 의무화되고 있다. 시험성적서와 납품 확인서가 필요하다.

⑦ 인슈레이션 시공방법은 스터드 사이에 인슈레이션을 끼우고 종이로 된 날개를 펼쳐서 구조목에 f30타카로 박아 주면 된다.

⑧ 인슈레이션 작업 시에는 마스크를 착용하고 시공한다.

2층 천장 인슈레이션 시공하기

　　　　　　　　　　　　　　　　양파망으로 짓는 황토집

2층 벽체 실내 OSB 합판 시공하기

2층 벽체 실내 OSB 합판 시공하기

2층 실내 합판 시공은 1층 때와 동일하다.

2층 벽체
실내 루바 마감하기

2층 벽체 실내 루바 마감하기

2층 실내 루바 시공은 1층 때와 동일하다.

2층 외부 데크 공사

2층 외부 데크 공사

10

1층 실내공사

주방, 화장실 벽체 만들기

① 화장실 크기는 170*220 정도면 적당하다.

② 화장실 출입문은 변기와 세면기, 샤워기 위치를 고려해서 설치한다. 한쪽으로 치우쳐 설치하면 공간 활용 면에서 좋다.

③ 화장실과 주방 벽체를 만들고 나서 전기 내선 공사를 의뢰한다. 그래야만 전등, 콘센트, 스위치의 위치가 정확하게 정해지고 노출 없이 깔끔하게 배선 공사가 마무리된다.

④ 화장실 벽체는 2*4 구조목이나 2*6 구조목으로 시공한다.

⑤ 화장실 벽체에는 소음 방지를 위해 한 단계 위의 인슈레이션을 시공한다.

⑥ 화장실 벽체를 세우고 한쪽 면에만 OSB 합판을 시공한다. 나머지는 전기 공사가 끝나고 시공한다.

주방, 화장실 벽체 만들기

양파망으로 짓는 황토집

양파망으로 짓는 황토집

1층, 2층 실내 전기공사

① 실내벽체를 다 세우고 실내 전기공사를 시작한다.

② 실내 전기공사는 전문가에게 맡기는 것이 좋다.

③ 지붕과 내부 벽체 공사가 마무리되면 전기기술자를 불러서 실내 내부 배선 공사를 의뢰한다.

④ 전기공사 의뢰 시 미리 방, 거실, 주방, 화장실 등의 콘센트나 스위치 위치 등을 메모해서 알려 주면 된다.

⑤ 전기는 우리 몸의 신경과도 같은 것, 매우 신중하게 공사하고 하자가 없도록 시공하는 것이 좋다.

⑥ 전기공사를 업자에게 맡기면 준공 후 조명 달기, 전기 신청 등의 업무도 병행해서 처리해 준다.

1층, 2층 실내 전기공사

양파망으로 짓는 황토집

화장실,
주방 설비공사

① 주방과 화장실 벽체를 다 세우면 주방과 화장실, 보일러실에 설비공사를 해야 한다.

② 화장실은 변기, 세면기, 바닥오수, 그리고 온수와 냉수 라인을 작업해서 시공해야 한다.

③ 보일러실에 설치될 보일러와 연계하여 냉·온수 설비공사를 시공한다.

④ 세탁기 위치를 선정해서 미리 설비작업을 해 두면 된다.

화장실, 주방 설비공사

보일러실 공사

① 주택 뒤쪽의 적당한 위치에 보일러실을 짓는다.

② 보일러실에는 기름보일러의 경우 기름 탱크, 보일러가 설치되므로 0.5~1 평 정도의 크기가 좋다.

③ 보일러실에는 확산소화기가 설치되어야 한다.

보일러실 공사

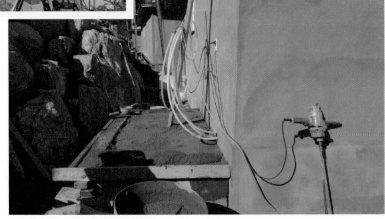

양파망으로 짓는 황토집

거실 난방용
엑셀 깔기

① 엑셀은 15㎜를 사용한다.

② 바닥을 잘 고르고 난방단열을 위한 50㎜ 스티로폼이나 열반사 단열재를 깔고 시공한다.

③ 열반사 단열재는 전용 은박테이프로 꼼꼼하게 시공한다.

④ 열반사 단열재 위에 와이어매쉬를 깔아 준다.

⑤ 엑셀은 시공 시 꺾이거나 구부러지지 않도록 시공한다. 나중에 하자를 방지하기 위함이다.

⑥ 엑셀은 80m, 100m짜리가 있는데, 방의 크기, 엑셀 간격 등을 잘 고려해서 선택한다.

⑦ 엑셀을 시공하다가 부족해서 연결하면 하자가 발생할 위험이 있다.

거실 난방용 엑셀 깔기

양파망으로 짓는 황토집

거실 방통 작업

① 거실, 방 부분에 모르타르로 바닥을 시공한다.

② 방통작업은 전문업자가 따로 있다.

③ 업자가 기계를 가지고 와서 시공한다.

④ 2018년 기준 비용이 60만 원이다. 물론 모르타르 비용은 별도이다.

⑤ 모르타르를 시공할 때에는 까만 망을 씌워서 엑셀이 뜨는 것을 방지하며 시공한다.

⑥ 방통작업을 완료하고 실내벽체 단열재 시공이나 OSB 합판을 시공하는 것이 편리하다.

⑦ 모르타르를 주문할 때에는 루베를 계산해야 하는데, 계산방법은 아래와 같다.

ex) 가로 10m*세로 6m, 두께 10㎝로 방통을 친다면 10*6*0.1=6루베이다.

⑧ 레미콘 한 대의 물량이 6루베이다. 레미콘이나 모르타르의 정량을 잘 계산해서 주문하는 것이 중요하다.

⑨ 차라리 남으면 버리면 되지만, 부족하면 낭패를 본다. 장비로 덤프카나 모르타르 기계를 불렀는데 레미콘이 부족하다면? 정말 큰일이다.

거실 방통 작업

양파망으로 짓는 황토집

1층 벽체 박공부분 단열재 시공하기

① 1층 실내 내선 전기공사가 마무리되면 벽체 스터드에 인슈레이션 단열재를 시공한다.

② 벽체용(R-21) 인슈레이션을 스터드 사이에 끼워 넣고 날개를 펴서 1022 타카로 시공한다.

③ 벽체 틈이나 공간은 우레탄 폼을 쏴서 단열을 한다.

④ 전원주택은 도심의 아파트보다 춥기 때문에 꼼꼼하고 철저하게 단열을 해야 난방비 폭탄을 피할 수 있다.

1층 벽체 박공부분 단열재 시공하기

양파망으로 짓는 황토집

1층 벽체 실내 OSB 합판 시공하기

① 양파망 벽체 실내에 OSB 합판을 시공한다.

② OSB 합판을 양파망 벽돌을 쌓을 때 지지목으로 고정했던 2*4 구조목에 시공한다.

③ 실내 벽체의 높이가 2,400㎜이므로 OSB 합판을 세워서 시공하는 것이 편리하다.

④ 실내에 시공하는 OSB 합판은 단열재 용도이기도 하고 실내마감 시 미송 스프러스 루바를 시공하기 위함이다.

⑤ 황토집 실내를 황토미장으로 마감할 수 있지만, 황토미장은 갈라지고 흙이 떨어지는 단점이 있다.

⑥ 따라서 이는 황토집의 효능은 살리고 실내 마감은 미려한 루바로 마감하기 위한 선택이라고 볼 수 있다.

⑦ OSB 합판 한 장을 시공하면 실내온도를 3°가량 올려 준다고 한다.

1층 벽체 실내 OSB 합판 시공하기

양파망으로 짓는 황토집

1층 벽체
실내 루바 마감하기

① OSB 합판 위에 미송 스프러스 루바로 마감한다.

② 벽체 높이에 맞추어 8자 짜리로 준비한다.

③ 미송 스프러스 루바는 폭 11㎝ 정도의 판재이다.

④ 암·수가 따로 있어 끼워서 맞춰 준다.

⑤ 루바 시공 시에는 목공용 본드를 발라서 시공한다.

⑥ f30타카로 고정시켜 준다.

1층 벽체 실내 루바 마감하기

양파망으로 짓는 황토집

1층 벽체 실내 황토 미장으로 마감하기

① 황토흙을 벽에 초벌로 발라 준다.

② 황토흙 바르는 공정은 매우 힘들다. 노동력이 많이 들어가는 작업이다.

③ 순수 황토흙을 물에 개서 미장을 한다.

④ 초벌미장을 하고 3~4일이 지나면 가뭄에 논바닥 갈라지듯이 크랙이 많이 생기는데, 작은 나무로 두드려서 공극을 없애 준다.

⑤ 황토모르타르, 황토흙, 모래를 1:3:4의 비율로 섞어서 마감 미장을 한다.

⑥ 모래를 섞어 주면 갈라짐이 덜해진다.

⑦ 마감미장이 마른 후 한지를 도배하면 운치 있는 황토집이 완성된다.

1층 벽체 실내 황토 미장으로 마감하기

양파망으로 짓는 황토집

황토미장과 루바 마감의 장단점

	장점	단점
황토미장	비용이 적게 든다	황토가 떨어진다 갈라짐이 생긴다 단열이 약하다 마감이 부족하다
루바마감	OSB 합판, 루바 시공으로 단열이 강화된다 마감이 깔끔하게 된다	비용이 많이 든다

1층 쫄대 마감,
문선 마감 시공하기

① 실내 루바 시공이 끝나면 마감 작업을 한다.

② 시중에서 판매하는 몰딩으로 마감해도 괜찮지만, 마감의 일체성을 위해서 미송 스프러스 루바를 3㎝ 정도로 켜서 쫄대로 사용한다.

③ 쫄대 마감은 f30타카로 고정한다.

④ 출입문, 창문틀의 마감작업은 1*4 마감재로 시공한다.

⑤ 2층 벽체도 1층과 동일하게 시공한다.

1층 쫄대 마감, 문선 마감 시공하기

양파망으로 짓는 황토집

미송 루바로
출입문 만들기

미송 루바로 출입문 만들기

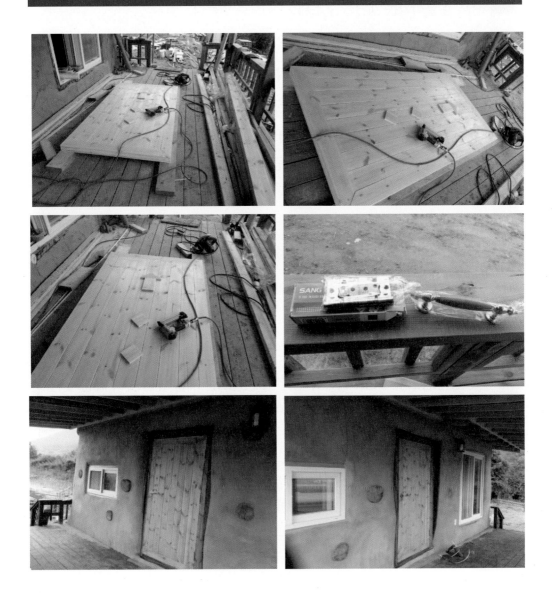

2층 계단 난간 만들기

① 2층 올라가는 계단을 구조재 2*10으로 만든다.

② 계단의 경사도는 35~40° 정도가 무난하다.

③ 기성품 핸드레일과 대동자, 애기동자로 멋진 난간을 만든다.

④ 계단 아래쪽은 미송 스프러스 루바를 붙여서 마감한다.

⑤ 2층 계단에는 ABS 문을 달아서 1층과 2층을 구분해 준다. 문이 없을 경우 겨울에 2층에서 내려오는 찬바람이 엄청나다. 미관상 좋지는 않지만 비닐을 칠 수도 있다.

2층과 다락의 차이점

① 다락으로 인정받으면 건축면적에 포함이 되지 않는다.

② 용적률에도 영향이 없다.

③ 다락으로 인정받으려면,

첫째, 평균고가 1.8m 이하여야 한다. 평균고란 제일 높은 곳과 제일 낮은 곳을 더해서 2로 나누었을 때 1.8m 이하일 경우를 얘기한다.

둘째, 바닥 난방이 있으면 안 된다.

셋째, 출입문이 있으면 안 된다.

결론적으로 다락이 좋으냐, 2층이 좋으냐는 개인 취향에 따른 선택이라 생각한다. 토지의 면적이 작아서 건폐율이나 용적률에 영향을 받는다면 다르겠지만….

내부
창호공사

① 황토집 짓기에서 창호공사는 매우 중요하다. 비용도 많이 들어간다.

② 창문을 크게 많이 만들면 겨울철 단열에는 취약하다.

③ 문 열고 나가면 전부 자연인데, 실내에서 보는 전경 때문에 창문을 크게 달면 난방비 폭탄을 맞는다. 창호는 시스템 창호가 좋지만 가격이 매우 비싸므로 현실과 타협할 수밖에 없다.

④ 창호값은 300~1,000만 원까지 차이가 날 수 있다.

⑤ 이중창호를 달고 내부에 한지 전통문을 시공했다.

⑥ 수제로 만드는 한지 전통문은 최고급 마감재이다.

내부 창호공사

양파망으로 짓는 황토집

전등 조명 달기

① 조명이나 전등은 미리 준비해 두면 전기업자가 콘센트, 스위치, 조명 등을 달아 준다.

② 요즘은 싸고 좋은 LED 등이 많다.

③ 콘센트는 여러 곳에 설치해 두는 것이 좋다.

전등 조명 달기

양파망으로 짓는 황토집

11

외부 벽체
마감하기

외부 양파망 벽체
OSB 합판 시공하기

① 양파망 벽체에 OSB 합판을 세워서 시공한다.

② OSB 합판 벽체를 쌓을 때 2*4 구조목으로 지지목을 고정했는데, 그 구조목에 시공한다.

③ OSB 합판을 시공 후 창문이나 현관문은 컷쇼 공구를 이용해서 잘라낸다.

④ OSB 합판은 원형톱으로 재단해서 시공한다.

⑤ OSB 합판은 64㎜ 타정기 못으로 박아 준다.

⑥ OSB 합판에 선이 그어져 있는 부분이 외부로 나오게 시공한다.

⑦ OSB 합판을 시공함으로써 단열을 한층 강화해 준다.

외부 양파망 벽체 OSB 합판 시공하기

양파망으로 짓는 황토집

외부 벽체에 열반사 단열재 시공하기

① OSB 합판 시공이 끝나면 외벽 전체에 6t 열반사 단열재를 시공한다.

② 열반사 단열재를 시공함으로써 단열을 한층 강화시킬 수 있다.

③ 전용테이프로 꼼꼼하게 시공한다.

④ 열반사 단열재는 한쪽 면에 비닐과 접착제가 붙어 있는데, 비닐을 떼어 내고 접착한 다음 1022타카로 시공한다.

⑤ 우리나라는 요즘 계속 단열재 규정이 강화되고 있다.

황토흙집에 열반사 단열재로 단열을 강화하는 이유

① 단열규정이 강화되어서 흙으로만 지은 집은 준공이 어렵다.

② 한겨울에 주말주택으로 사용하는 황토집은 매우 춥다. 한 달 내내 흙벽이 얼어 있었는데 구들방에 하루 불을 지핀다고 실내가 따뜻할까? 방바닥은 뜨겁고 실내는 춥게 된다. 적어도 3일은 지나야 실내에 온기가 돌 것이다.

③ 황토벽돌로 이중 조적하는 황토집은 중간에 열반사 단열재로 단열한다.

④ 단열을 강화한 황토흙집이 좋다.

양파망으로 짓는 황토집

외부 타이벡(방습지) 시공하기

① 타이벡은 듀퐁 사에서 만든 제품 이름이다. 고유명사처럼 사용되고 있다.

② 타이벡은 방수, 방습지로 외부 습기를 차단하고, 실내 공기는 밖으로 배출한다.

③ 타이벡을 시공할 때에는 1022타카로 고정시켜 준다.

④ 타이벡 1롤은 1m 50㎝*50m이다.

외부 타이벡(방습지) 시공하기

외벽 황토미장을 위한
메탈라스 시공하기

① 타이벡 위에 메탈라스를 1022 타카로 꼼꼼하게 시공한다.

② 외벽에 황토미장을 할 때 잡아 주는 역할을 한다.

③ 메탈라스를 시공 후 미장을 하면 황토미장이 떨어지지 않는다.

외벽 황토미장을 위한 메탈라스 시공하기

양파망으로 짓는 황토집

1층 외부 날개 공사

① 1층 외부 날개 공사. 1층과 2층을 구분지어 보이게 만드는 공사이다.

② 2*4 구조목으로 서까래 걸 듯이 시공해 준다.

③ 외벽에 14인치 반으로 블로킹 작업을 해서 날개가 튼튼하게 시공한다.

④ 미송 스프러스 루바를 날개 위에 시공한다.

⑤ 후레싱을 시공한다.

⑥ 방수시트지를 시공한다.

⑦ 아스팔트 싱글로 지붕을 마무리한다.

⑧ 외부 날개공사는 기능성보다는 외부 인테리어 마감에 목적이 있다.

1층 외부 날개 공사

양파망으로 짓는 황토집

외부 황토 미장

① 외부 황토 미장은 마무리 공사이다.

② 마감용 황토 미장은 천연 황토 모르타르로 미장한다.

③ 초벌 미장을 하고 다음 날 마감 미장을 시공한다.

④ 외부 황토 미장이 끝나면 아름다운 황토집이 된다.

외부 황토 미장

양파망으로 짓는 황토집

싱크대, 신발장, 붙박이장 시공하기

① 붙박이장을 2층 계단 아래에 시공하였다.

② 싱크대는 인덕션과 후드를 시공한다.

③ 인덕션은 전기 사용량이 많으므로 전기 배선을 독립적으로 설치한다.

④ 신발장의 길이는 30㎝의 폭으로 만든다.

싱크대, 신발장, 붙박이장 시공하기

양파망으로 짓는 황토집

12

1층 외부
데크 만들기

벽에 앙카 박아서
고정하기

① 벽에 앙카를 박아서 고정한다.

② 데크에 16인치 간격으로 틀을 만들어 준다.

③ 주춧돌에 4*4 기둥을 세우고 데크 틀을 고정한다.

④ 데크 바닥재를 덮는다.

⑤ 데크 난간을 만들어 준다.

⑥ 데크 계단을 만든다.

벽에 암카 박아서 고정하기

양파망으로 짓는 황토집

외부 데크 지붕 만들기

① 4*4 방부목으로 기둥을 세운다.

② 2*4 구조목으로 서까래를 시공한다.

③ 미송 스프러스 루바로 천장을 시공한다.

④ 천장 위에 방수시트를 시공한다.

⑤ 아스팔트 싱글로 마무리한다.

외부 데크 지붕 만들기

양파망으로 짓는 황토집

13

외부
마감공사

굴뚝 만들기

① 6인치 블록과 벽돌로 굴뚝을 만든다.

② 연도는 150㎜ 관으로 연결한다.

③ 연기가 새지 않도록 시공한다.

④ 굴뚝 제일 상단에 흡출기를 달아 준다.

⑤ 처음 아궁이에 불을 지필 때는 흡출기를 켰다가, 불이 붙은 후 끄면 아주 편리하다.

굴뚝 만들기

양파망으로 짓는 황토집

아궁이
아치 만들기

① 아궁이 아치는 적벽돌과 6인치 블록으로 시공한다.

② 불을 피울 때 벽체에 그을음이 생기는 것을 방지한다.

③ 아궁이에 주물 철문을 달아 준다.

아궁이 아치 만들기

양파망으로 짓는 황토집

야외 수도 만들기

① 전원주택에 야외수도 하나쯤은 필수다.

② 6인치 블록으로 큼직하게 만드는 것이 좋다.

③ 야채도 씻고, 김장도 하는 등 여러모로 꼭 필요하다.

야외 수도 만들기

한전 전기 신청

한전 전주는 보통 50m에 하나씩 설치된다. 주택 짓는 곳에 전주를 설치해야 할 경우, 건축허가가 나오면 전주 설치를 미리 한전에 신청해 두는 것이 좋다. 바쁠 때에는 전주 설치를 하는 데 1~2개월이 소요되기도 하므로 미리 신청해 두면 주택 완공 시점에 사용이 가능하다.

한전 전기 신청

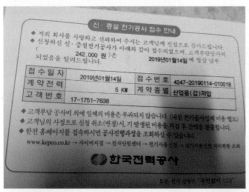

주방·화장실 타일 공사

① 마무리 공사로 타일을 시공해야 한다.

② 주방 싱크대 앞, 화장실, 현관 등에 타일을 시공한다.

③ 화장실 크기를 재서 타일 가게에 가면 타일 소요량을 알 수 있다. 미리 사서 준비해 놓고 타일 기술자를 부르면 된다. 성수기에는 일주일 이상 기술자를 기다려야 하니 미리 시간계획을 세워서 부르는 것이 좋다.

주방 화장실 타일 공사

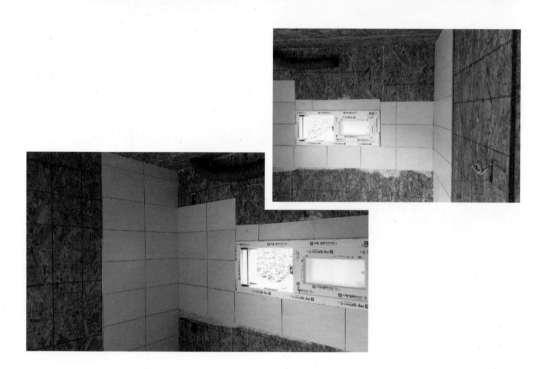

양파망으로 짓는 황토집

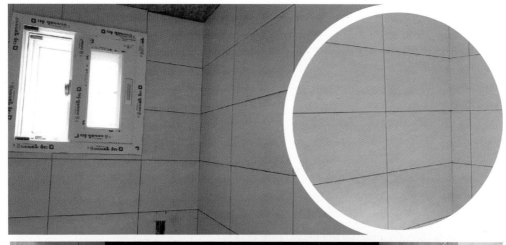

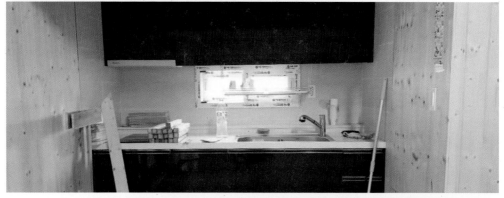

화장실 변기,
세면기 시공하기

① 타일 시공 후 2~3일 지난 다음 변기와 세면기를 시공한다.

② 변기와 세면기를 제 위치에 시공한다.

③ 화장실에 각종 액세서리를 세트로 시공한다.

④ 거울도 하나 시공한다.

⑤ 화장실 천장 환풍기도 시공한다.

화장실 변기, 세면기 시공하기

14

6평 황토구들방 만들기

줄기초 공사

① 유로폼으로 6평 줄기초를 만들었다.

② 6각형의 황토구들방에 화장실을 시공한다.

③ 레미콘을 주문해서 타설했다.

④ 레미콘을 타설하고 1~2일 뒤에 유로폼을 떼어 내면 줄기초가 예쁘게 완성된다.

⑤ 구들을 위한 아궁이는 500*500사이즈이다.

⑥ 반대편에 연도는 15mm이다.

줄기초 공사

양파망으로 짓는 황토집

6평 황토구들방
구들 놓기

① 비닐을 깔고 흙을 덮는다.

② 황토를 묽게 개서 적벽돌을 조적하여 함실아궁이를 만든다.

③ 함실아궁이에 이맛돌 2장을 얹는다.

④ 벽체를 따라 Arc블록으로 시근담을 쌓는다.

⑤ 고래를 허튼고래 방식으로 만들고 구들장을 덮는다.

⑥ 구들장을 다 덮고 황토 모르타르로 새침을 한다.

⑦ 아궁이에 불을 지펴서 연기가 새는지 확인한다.

6평 황토구들방 구들 놓기

양파망으로 짓는 황토집

6평 황토구들방 기둥 세우기

6평 황토구들방 양파망 벽돌로 벽체 쌓기

① 양파망 벽돌로 벽체를 쌓는다.

② 양파망 벽돌은 어긋쌓기로 쌓는다.

③ 양파망 벽돌은 기둥에 대못을 2개씩 박아서 고정을 시켜 준다.

④ 양파망 벽돌을 쌓고는 나무망치(떡메)로 단단히 두드린다.

⑤ 양파망 벽돌을 5~6단 쌓고는 철근을 박아 준다.

6평 황토구들방 양파망 벽돌로 벽체 쌓기

양파망으로 짓는 황토집

6평 황토구들방 벽체
통나무 시공하기

① 통나무를 35~40㎝ 정도씩 잘라 준다.

② 통나무를 끼우는 이유는 완성된 집의 인테리어를 위함이다.

③ 벽체목을 적당히 끼워서 만든 집이 완공 후에 보면 예쁘다.

6평 황토구들방 벽체 통나무 시공하기

사진 1 _ 벽체목을 사용한 집

사진 2 _ 벽체목이 없는 집

6평 황토구들방 창틀, 문틀 세우기

① 창틀은 수평과 수직을 맞추어 세운다.

② 창틀을 세우고 양파망 벽돌을 쌓는다.

③ 창문의 크기는 1,200*1,200이다.

④ 창문틀을 만드는 판재의 두께는 70㎜, 폭은 300㎜이다.

⑤ 판재가 두껍고 무겁기 때문에 창문틀을 완성하면 혼자 들기 어렵다.

⑥ 창문틀 수평을 맞추고 세우면 벽체를 쌓는 동안 흔들리지 않도록 잘 고정한다.

6평 황토구들방 창틀, 문틀 세우기

양파망으로 짓는 황토집

양파망 벽체 도리목 돌리기

① 양파망 벽체를 다 쌓으면 양파망 제일 상단 수평을 맞추고 구조목으로 도리목을 돌린다.

② 도리목은 육각형의 벽체를 하나의 묶음으로 만들어 주는 작업이다.

③ 양파망 벽체 제일 상단 아래에 반생이를 도리목에 묶어 준다. 이 작업은 벽체와 지붕을 하나로 연결해 주는 작업이다.

양파망 벽체 도리목 돌리기

양파망으로 짓는 황토집

6평 황토구들방
찰주 만들기

① 찰주는 직경 35~40㎝ 정도의 원형 통나무를 사용한다.

② 찰주는 하단 15㎝ 지점에 7㎝ 깊이로 12㎝ 폭의 홈을 파내면서 가공한다.

③ 찰주 홈을 다 파면 그라인더로 찰주를 예쁘게 샌딩한다.

④ 찰주는 무기둥 골조 방식이다. 기둥 없이 지붕을 받쳐 주는 역할을 한다.

⑤ 지붕의 기울기는 23° 이상은 되어야 안정적으로 지붕의 하중을 받쳐 준다.

⑥ 찰주 방식으로 지붕을 완성하면 실내에서 보는 천장이 매우 아름답게 연출
되며, 이는 황토구들방의 특징이다.

6평 황토 구들방 찰주 만들기

6평 황토구들방
찰주 걸기

① 지붕의 경사도를 계산해서 황토구들방 정중앙에 찰주가 오도록 지지목을 세운다.

② 찰주의 높이와 벽체의 높이를 계산해서 지붕 경사도를 결정한다.

③ 찰주가 움직이지 않도록 고정한다.

6평 황토구들방 찰주 걸기

양파망으로 짓는 황토집

6평 황토구들방
서까래 걸기

① 찰주 방식의 원주목 서까래는 8개, 16개, 24개, 32개 중 한 가지로 시공한다.

② 여기서는 24개의 낙엽송 원주목 서까래를 시공한다.

③ 원주목 서까래는 4치짜리 12자를 사용했다.

④ 원주목 서까래는 대각선 방향으로 하나씩 시공한다.

⑤ 원주목 서까래 중 찰주에 끼우는 방향 쪽은 전기톱이나 대패를 사용해서 깎아 끼워 준다.

⑥ 원주목 서까래는 230㎜ 피스로 고정시켜 준다.

⑦ 원주목 서까래 24개를 순서에 따라 시공하면 된다.

6평 황토구들방 서까래 걸기

양파망으로 짓는 황토집

6평 황토구들방 화장실 벽체 시공

① 6평 황토구들방 화장실은 양파망 벽체로 하지 않고 2*6 구조목으로 시공한다.

② 양파망으로 하지 않고 구조목을 사용하는 이유는 공간 활용과 작업의 편리성을 위해서이다.

③ 양파망으로 만드는 벽체는 35~36㎝, 구조목으로 만드는 벽체는 15~16㎝ 정도로 차이가 많이 나므로 작은 집의 특성상 화장실은 구조목으로 만들었다.

6평 황토구들방 화장실 벽체 시공

양파망으로 짓는 황토집

6평 황토구들방
화장실 내벽 단열공사

① 화장실 내벽 단열재로 인슈레이션을 사용한다.

② 인슈레이션을 다 시공하고 OSB 합판을 시공한다.

6평 황토구들방 화장실 내벽 단열공사

양파망으로 짓는 황토집

6평 황토구들방 지붕 루바 작업

① 서까래 시공이 끝나면 서까래 제일 하단부부터 미송 스프러스 루바를 시공한다.

② 지붕작업은 서까래 3개를 하나로 묶어 8각으로 시공한다.

③ 루바는 f30타카로 고정한다.

④ 루바는 원형톱으로 재단하여 사용한다.

⑤ 루바로 지붕을 시공하면 완성 후 매우 예쁘게 마감된다.

6평 황토구들방 지붕 루바 작업

6평 황토구들방 지붕 덧서까래 시공

① 황토구들방 지붕에 2*4 구조목으로 덧서까래를 시공한다.

② 덧서까래는 지붕 위에 단열재를 넣기 위한 공간을 만들어 준다.

③ 덧서까래를 완성하고 부직포를 깐 다음 지붕에 황토흙을 올리는 것도 좋다.
   지붕 위에 황토흙을 올리면 여름에 매우 시원하다.

6평 황토구들방 지붕 덧서까래 시공

양파망으로 짓는 황토집

6평 황토구들방 지붕 단열 작업

① 덧서까래 작업이 완료되면 지붕 단열재로 인슈레이션(R-37)을 사용한다.

② 덧서까래 사이사이로 인슈레이션을 끼워 주면 단열 작업이 마무리된다.

③ 지붕작업은 위험하므로 항상 안전에 유의해서 작업한다.

6평 황토구들방 지붕 단열 작업

6평 황토구들방 지붕 OSB 합판 시공하기

① 지붕 단열재로 인슈레이션 시공이 끝나면 다음으로 OSB 합판을 사이즈에 맞게 재단해서 시공한다.

② OSB 합판 시공 시에는 64㎜ 타정기 못으로 박아 준다.

6평 황토구들방 지붕 OSB 합판 시공하기

양파망으로 짓는 황토집

6평 황토구들방
지붕 방수시트 시공하기

① OSB 합판 시공이 끝나면 방수시트지를 시공한다.

② 방수시트지는 한쪽 비닐을 떼어내고 시공한다.

③ 방수시트지는 접착력이 강해서 서로 붙으면 떼어 낼 수가 없다. 서로 붙지 않도록 시공할 때 주의를 해야 한다.

④ 방수시트지 1롤은 1m*10m이다.

⑤ 방수시트지 작업 시 절대로 비닐을 밟으면 안 된다. 매우 미끄럽기 때문이다.

⑥ 방수시트지 작업 시에는 10㎝ 정도 겹쳐지게 시공한다.

⑦ 방수시트지를 아래에서 사이즈대로 절단 후 시공한다.

6평 황토구들방 지붕 방수시트 시공하기

양파망으로 짓는 황토집

6평 황토구들방
내·외벽 황토 미장

① 양파망 벽체에 황토를 비벼서 초벌미장을 한다.

② 초벌미장이 마르면 황토로 두 번째 미장을 한다.

③ 황토 미장은 건조하면서 갈라짐이 많다. 갈라진 곳을 몇 번 맥질해 주는 것이 좋다.

6평 황토구들방 내 외벽 황토 미장

양파망으로 짓는 황토집

6평 황토구들방
지붕 싱글 공사

① 지붕 마감재로 육각 아스팔트 싱글을 사용한다.

② 아스팔트 싱글은 시공이 간편하고 오래가는 마감재이다.

③ 아스팔트 싱글은 아래서 위로 시공한다.

④ 아스팔트 싱글 비닐을 제거하고 시공한다.

⑤ 아스팔트 싱글 루핑못으로 박아 준다.

6평 황토구들방 지붕 싱글 공사

양파망으로 짓는 황토집

6평 황토구들방 데크 작업

① 황토구들방에 데크를 만든다.

② 황토구들방에 데크를 만들면 황토구들방이 예쁘게 마무리가 된다.

③ 전원주택은 데크가 집을 살려 준다.

6평 황토구들방 데크 작업

양파망으로 짓는 황토집

전원주택
울타리 작업

양파망으로 짓는 황토집

15

작은 집(농막) 건축하기

작은 집(농막) 건축하기

① 컨테이너를 제 위치에 옮기고 골조작업을 한다.

② 바닥에 각관으로 용접하고 화장실 설비를 한다.

③ 각관을 이용해서 다락방을 만든다.

④ 벽체를 세우고 골조를 마무리한다.

⑤ 다락방 계단을 만든다.

⑥ 외부 사이딩으로 마무리한다.

⑦ 거실창문, 다락방 창문을 달아서 완성한다.

⑧ 데크를 만들어 완성한다.

⑨ 작은 싱크대와 화장실을 마무리한다.

농막 설치 신고하기

■ 농막설치 신고는 "가설건축물 설치 신고서"를 직접 작성해서 시청이나 군청 민원실에 신고하면 된다.

■ 농막은 전·답·과수원에 설치 신고가 가능하다.

■ 평면도와 배치도가 필요하다.(직접 손으로 그려도 된다.)

■ 면적은 20㎡ 이하만 가능하다.

■ 한 번 설치신고를 하면 존치기한은 3년이고, 3년 후에는 일주일 전까지 연장 신고를 한다.

양파망으로 짓는 황토집

- 보통 처리기간은 일주일 정도 소요된다.

- 토지에 지상권이 설정되어 있다면 지상권 동의서와 법인인감증명서가 필요하다.

- 가설건축물 설치신고서를 제출할 때 7~8천 원 수수료가 나오고, 나중에 취득세도 납부해야 한다.

- 농막은 한 필지에 하나만 가능하다.

- 연면적이 20㎡ 이하이므로 연면적에 포함되지 않는 다락방은 가능하다.

- 정화조를 묻는 것이 가능한가? 지자체에 따라서 다르다. 대체로 허용해 주는 편이다.

작은 집(농막) 건축하기

양파망으로 짓는 황토집

양파망으로 짓는 황토집

양파망으로 짓는 황토집

황토집 짓기 교육 안내

과정	
	구들 교육
	황토집 짓기 초급반(6박 7일) 교육
	황토집 짓기 중급반(한 달) 교육

구들교육 내용

저희는 이론 교육은 간략하게 마무리하며, 실전교육을 위주로 진행합니다. 구들교육은 당일 교육으로 진행합니다. 구들교육을 받으면 혼자서도 전통구들을 놓으실 수 있도록 체계적으로 교육을 진행합니다.

함실아궁이 만들기

허튼고래 만들기

시근담 쌓기

굴뚝개자리 만들기

구들장 덮기

새침하기

구들장 위 부토하기

교육 수료 후에는 혼자서 작은 황토방을 지을 수 있도록 교육 진행합니다.

양파망 벽돌로 벽체 만들기

2층 다락방 만들기

원주목 서까래 걸고 지붕 만들기

화장실 벽체 스터드 만들기

실내마감 공사하기

외부마감 공사하기

황토집 짓기 (중급반) 교육(한 달 교육, 구들교육은 동일)

황토집 한 채를 짓기 위한 처음부터 마감까지 전 공정을 교육합니다.

1층 데크 만들기, 2층 데크 만들기

원주목 서까래 당골막이 공사

외부계단 만들이

데크 지붕 만들기

흙미장 마감하기

처마 소핏 시공하기

실내 루바 마감하기

아궁이 아치 굴뚝 만들기

교육장소
| 강원도 횡성군 안흥면 상안리 65번지

문의
| 건강마을 촌장(010-5738-8200)

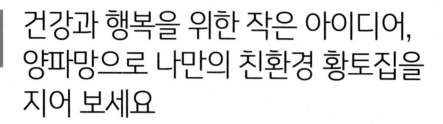

건강과 행복을 위한 작은 아이디어, 양파망으로 나만의 친환경 황토집을 지어 보세요

권선복

도서출판 행복에너지 대표이사

어릴 때에는 산이고 들이고 온천지에 당연하게 덮여 있던 흙을 보며 컸지만, 도시인이 되어 버린 우리는 때로 그 고마움이나 소중함을 잊고 삽니다. 더불어 흙이 지닌 강력한 생명의 에너지에 아무 관심조차 주지 않고 도심 속에서 일상을 보내기도 합니다.

하지만 흙은 우리 생명과 삶, 그리고 문화의 원천이었습니다. 태초에 인간이 흙에서 나왔다는 신화는 동서고금 어디에서나 쉽게 찾아볼 수 있는 것이며, 실제로도 인체의 뼈를 이루는 규소, 칼슘, 인, 마그네슘 등은 모두 흙 속에 있는 성분이기도 합니다.

인류 문명의 발상지 중 하나라는 황하문명을 발달시킨 것 역시 황토의 힘이었습니다. 물에 섞어 반죽해 굳히거나 판축 기법을 사용해 어떠한 모양으로든 주형이 가능한 황토 덕분에 인류는 주택을 쉽게 만들고, 이 주거문화를 토대로 대규모 집단생활을 하며 문화를 발달시켰습니다.

그리고 이제 먼 시간이 흘러, 우리는 다시금 황토를 찾습니다. 건강을 위해, 그 옛날 따끈한 아랫목의 추억과 화톳불에 굽던 군고구마 익어가는 시간을 되새기며, 도시에서의 무한경쟁에 지친 몸과 마음의 힐링을 위해, 우리의 몸과 마음을 다시 자연으로 되돌려 줄 황토집을 어머니의 품을 찾듯 그리워합니다. 또 나이가 들면 따끈한 황토 온돌방의 아랫목에서 자고 일어나야 몸이 거뜬하다는 분들도 참 많습니다.

이 책『양파망으로 짓는 황토집』을 펼치다 보면 저절로 '나도 한 번 지어서 살아볼까?' 하는 생각이 들 정도로 간결·명료하면서 손쉽게 황토집을 짓는 방법이 설명되어 있음을 알 수 있습니다.

얼마 전 신문에 일본의 빈 집이 846만 채라는 기사가 났습니다. 경제적으로 윤택해지며 너도나도 세컨드 하우스를 마련하던 붐이 일었지만, 동시에 그들의 고령화시대 역시 너무 빨랐습니다. 거창하게 비싼 돈 들여 지은 집이 흉가가 되어버리는 이런 안타까운 현실은 일본의 사회 구조를 비슷하게 닮아가는 우리에게도 그리 먼 미래가 아닐 듯합니다. 조만간 비싼 대리석 별장들이 우리 산천 곳곳에 찾는 이 없이 버려져 있을 날도 머지않을 거라는 말을 하는 이들까지 있습니다.

『양파망으로 짓는 황토집』은 바로 이런 시점에서 최적의 대안이라고 말할 수 있습니다. 적은 돈으로 도심 근교의 한적한 곳에 작은 땅을 마련해 제2의 안식처를 만들고 싶은 꿈과 노년의 건강관리라는 두 마리 토끼를 부담 없는 비용으로 모두 잡을 수 있는 최적의 선택이 될 것입니다. 더구나 황토흙과 나무로 지은 집이니 노후되어도 결국 대부분 자연으로 돌아갈 재료들이라는 점에서 친환경적이기도 합니다. 사회적으로나, 경제적으로나, 환경적으로나 『양파망으로 짓는 황토집』은 최선의 대안입니다.

현명한 노후의 로망을 꿈꾸는 분들이나, 부담 없는 귀촌을 선택하고자 하시는 녹사 여러분들께 이 책『양파망으로 짓는 황토집』을 자신 있게 권해드립니다.

하루 5분, 나를 바꾸는 긍정훈련

행복에너지

'긍정훈련' 당신의 삶을 행복으로 인도할 최고의, 최후의 '멘토'

'행복에너지
권선복 대표이사'가 전하는
행복과 긍정의 에너지,
그 삶의 이야기!

인터파크
자기계발 분야 주간
베스트 1위

권선복 지음 | 15,000원

권선복

도서출판 행복에너지 대표
영상고등학교 운영위원장
대통령직속 지역발전위원회
문화복지 전문위원
새마을문고 서울시 강서구 회장
전) 팔팔컴퓨터 전산학원장
전) 강서구의회(도시건설위원장)
아주대학교 공공정책대학원 졸업
충남 논산 출생

책 『하루 5분, 나를 바꾸는 긍정훈련 - 행복에너지』는 '긍정훈련' 과정을 통해 삶을 업그레이드하고 행복을 찾아 나설 것을 독자에게 독려한다.

긍정훈련 과정은 [예행연습] [워밍업] [실전] [강화] [숨고르기] [마무리] 등 총 6단계로 나뉘어 각 단계별 사례를 바탕으로 독자 스스로가 느끼고 배운 것을 직접 실천할 수 있게 하는 데 그 목적을 두고 있다.

그동안 우리가 숱하게 '긍정하는 방법'에 대해 배워왔으면서도 정작 삶에 적용시키지 못했던 것은, 머리로만 이해하고 실천으로는 옮기지 않았기 때문이다. 이제 삶을 행복하고 아름답게 가꿀 긍정과의 여정, 그 시작을 책과 함께해 보자.

『하루 5분, 나를 바꾸는 긍정훈련 - 행복에너지』